BLACK
TIDES
검은 재앙

허베이스피리트호
유류 유출사고를 기억하며

BLACK
TIDES
검은 재앙

허베이스피리트호
유류 유출사고를 기억하며

초 판 인 쇄 2024년 12월 10일
초 판 발 행 2024년 12월 23일

저   자 임운혁, 심원준
발 행 인 이희승
발 행 처 한국해양과학기술원
              부산광역시 영도구 해양로 385 (동삼동 1166)

등 록 번 호 393-2005-0102(안산시 9호)
인쇄 및 보급처 도서출판 씨아이알(02-2275-8603)

I S B N **978-89-444-9134-4 (93400)**
정   가 **25,000원**

BLACK TIDES

허베이스피리트호
유류 유출사고를 기억하며

임운혁, 심원준 지음

한국해양과학기술원

서 문

허베이스피리트호 사고가 발생했던 2007년 겨울은 몹시 추웠다. 사고 소식을 듣고 서둘러 조사 장비를 챙겨 현장을 찾았다. 거제에서 태안까지 7시간 넘게 운전해서 도착한 태안은 그해 여름 휴가 때 머물렀던 모습과 완전히 달랐다. 기름이 묻은 만리포 예찬 시비(詩碑) 너머로 수많은 자원봉사자들이 추위와 역한 기름 냄새를 견디며 방제작업을 하고 있었다. 묵묵히 해안으로 밀려오는 기름을 퍼내고, 바위에 묻은 기름을 닦고, 폐기물들을 치우며 분주히 움직이고 있었다. 급하게 사고 현장을 자발적으로 찾은 이유는 12년 앞서 발생했던 여수 씨프린스호 유류 유출사고의 교훈 때문이었다. 사고 1년이 지나서야 시작된 환경오염 영향조사로 사고 초기 자료가 없어 사고 영향 입증 관련 여러 논란들이 있었다. 허베이스피리트호 사고는 3일 후부터 서둘러 현장조사를 시작한 덕분에 오염 영향의 범위, 정도, 사고와 영향의 인과관계 입증에 필수적인 초기 오염 정보를 확보할 수 있었다.

사고 현장을 둘러본 필자 둘이서 가장 먼저 내려야 할 결정은 "우리가 이 일을 할 것인가?"였다. 누구도 경험해보지 못한 국가적 환경재난 관련 오염영향조사의 책임을 맡을 경우 앞으로 감당해야 할 일들의 무게감과 미래에 대한 불안감에 선뜻 말을 꺼낼 수 없었다. 태안 의항리 바닷가에서 차가운 밤바람을 맞으며 고민 끝에 도달한 결론은 "우리 팀이 그나마 국내에서 해양 유류오염을 가장 많이 연구해왔고, 나중에 남들이 한 결과가 성에 차지 않을 경우 비판하면서 오늘의 결정을 후회하는 것보다, 힘들 더라도 우리가 하자"였다. 쉽지 않은 선택이었고, 이후 10년 이상 거제와 태안을 오가며 다른 일에 곁눈질할 여유 없이 오롯이 이 일에만 매달렸 다. 이 순간을 되돌이켜보며 과학자로서의 책임감에 따른 결정이었다고 자평하지만, 뒤따른 지난한 과정들은 우리가 막연히 상상했던 것보다 수십 배 이상 힘들었다는 생각을 지울 수가 없다.

가장 먼저 현장에 조사 캠프를 마련하고 상주하면서 주변의 오염부터 기록하고 하나둘씩 시료들을 확보했다. 국내에 가용한 자료가 없어서 미국 엑슨발데즈호 사고, 프랑스 에리카호 사고, 스페인 프레스티지호 사고 사례들을 참고하며 자발적인 긴급해양오염영향조사를 시작했다. 주경야독, 말 그대로 낮에는 현장조사, 밤에는 사례조사, 연구팀 토의, 다음날 조사 계획수립을 반복하다 55일간 캠프 생활을 했다. 국가환경재난 앞에서 해당 분야 전문가의 사명감으로 시작한 현장조사는 주무 부처인 해양수산부의 지원을 받는 긴급해양오염영향조사와 후속 "유류오염 환경영향평가 및 환경복원 연구"로 이어졌다. 2019년까지 12년간 수행된 연구를 통해 유출사고로 인한 환경오염영향 장기 모니터링과 함께 과학 적인 평가기법 및 환경복원 기술 개발이 동시에 진행되었다.

다른 환경오염 분야에 비해 해양 유류 유출사고에 따른 오염과 생태계 영향평가 연구는 다학제적 연구와 다양한 공동연구가 필요한 종합학문에 가깝다. 사고 예방에서 사고 대응, 방제, 보상, 환경영향, 생태계복원까지 전체적인 줄기를 알아야 제대로 된 환경영향조사의 방향을 잡을 수 있 다. 환경영향조사의 내용도 화학분석에 편중된 조사가 아닌 생태독성과 생태계 연구가 동시에 진행되어야 하며, 결과를 종합적으로 해석할 필요가

있다. 1970년대 이후 10,000톤 이상 유출사고가 130건 이상 발생했음에
도 10년 이상 장기간 환경오염과 생태계 영향조사를 진행한 사례는
1989년 미국 알래스카에서 발생한 엑슨발데즈호 사고와 2007년 국내에
서 발생한 허베이스피리트호 사고가 유일하다. 사고 이후 생태계의 회복
과정을 오염과 독성의 관점에서 장기간 체계적으로 평가한 사례가 극히
드물며 국내의 연구가 모범적 사례의 하나로 평가를 받고 있다.

현장조사 및 연구개발 결과는 매년 800쪽 분량의 보고서를 통해 우선
적으로 발표되었으며, 청와대, 해양수산부, 지자체, 관계기관, 과학자, 피해
주민, 국제유류오염보상기금 등과의 간담회, 설명회, 회의 등에 수없이 제
공되어 활용되었다. 이와 함께 일반인 대상의 사실 설명 자료(Fact Sheet),
결과 요약 자료, 인포그래픽 등과 미래사고 대응을 위한 각종 지침서를 발
간하고 지속적으로 업데이트하였다. 다양한 연구성과들은 Environmental
Science and Technology 학술지의 표지논문을 포함하여 환경분야의 저
명한 국제학술지에 130여 편 발표되어 결과를 검증 받았을 뿐만 아니라
전 세계 연구진들과 공유될 수 있도록 하였다. 특히, 유류 유출사고 교과
서인『Oil Spill Science and Technology』개정판 발간 시 집필요청을 받
아 주요 사례 연구로 소개된 것은 이러한 노력들이 반영된 주요한 성과
이다.

이 책은 12년의 현장조사 및 연구기간 동안 다양한 형태로 발간되어
분산되어 있던 자료들 중 주요 내용을 선별하여 유류오염에 관심이 있는
입문자와 사고 현장에서 환경오염과 생태계 영향을 평가하는 연구자들
이 참조할 수 있도록 내용을 구성하였다. 책의 1부는 사실 설명 자료,
2부는 현장조사의 핵심 연구결과 요약 자료, 3부는 지침서를 기반으로
작성하였다. 해양학, 환경과학(공학)을 전공하는 학부 3, 4학년생 또는

대학원 석사과정 학생들의 수업교재 또는 참고할 전문도서로 활용도 가능하리라 생각된다. 필자들이 대표필진으로 이름을 올리지만 성과는 온전히 해당 문건 작성과 연구에 참여한 모든 연구자들의 몫이다. 본문에 수록된 사진과 그림, 표들의 외부 출처는 표기하였으나, 내부적으로 생산된 자료들은 참고문헌으로 대신했다. 연구 기간 내내 같이 고민하고, 곁을 지켜준 한국해양과학기술원 내외의 동료 연구자들께 감사의 말씀 전한다. 2007년 겨울 태안에서 절실하게 필요했던 자료들을 국내 연구결과들로 어느 정도 채울 수 있어서 과학자로서 마음의 짐이 조금은 가벼워진다.

2024년 11월 30일

임운혁, 심원준

차 례

Part 2
허베이스피리트호 유류 유출사고

Part 3
해양오염영향평가 방법

Part 1

Black Tides

Chapter 1 유류 유출사고

1.1 기름 / 석유 / 원유란?

　석유(石油)의 영어 표현인 'petroleum'은 우리말 표현과 마찬가지로 바위를 뜻하는 라틴어 'petra(rock)'와 기름을 뜻하는 'oleum(oil)'의 합성어로서 암석으로부터 유래된 기름을 뜻한다. 즉, 유기물질을 풍부하게 함유한 암석(근원암, source rock)이 다양하고도 필수적인 지질학적 조건에 노출되었을 때 생성, 축적된 액체상태의 탄화수소 혼합물이다. 정제하지 않은 석유를 원유(原油)라고 하며 정유과정을 거쳐 얻어진 휘발유, 경유, 등유 등의 석유제품을 정제유(精製油)라 한다. 반면 '기름'은 식물성기름, 동물기름, 광유(mineral oil) 등 모든 종류의 물과 섞이지 않는 가연성 물질을 통칭하나 일반적으로 석유의 다른 말로 사용되기도 한다.

　원유의 조성은 유전의 위치나 종류에 따라 각양각색이다. 일반적으로 주성분은 탄화수소(탄소와 수소의 화합물)이다. 그밖에 약간의 질소, 유황, 산소 등과 극소량의 니켈, 바나듐, 크롬과 같은 금속 화합물을 함유하고 있다. 원유 내 탄화수소는 그 구조에 따라서 포화탄화수소, 불포화탄화수소, 방향족탄화수소 그리고 극성탄화수소로 나눌 수 있다. 포화탄화수소는 주로 단일결합을 이루고 있는 직쇄형인 알칸과 고리형인 시클로알칸으로 구성된다. 또한 분자량이 아주 큰 포화탄화수소화합물은 왁스라고 통칭된다. 불포화탄화수소화합물은 한 개 이상의 탄소-탄소 이중결합이 있는 화합물이다. 방향족탄화수소는 6개의 탄소로 이루어진 벤젠고리를 하나이상 포함한 화합물로 환경 내에서 지속적이고 독성이 강한 특징이 있다. 대표적인 방향족탄화수소인 벤젠(Benzene), 톨루엔(Toluene), 에틸벤젠(Ethylbenzenae), 자일렌(Xylene)은 일명, BTEX로 통칭되며 유류 유출사고 초기에 주로 문제가 되는 저분자량의 휘발성 화합물이다. 발암성이있는 것으로 알려진 다환방향족탄화수소(Polycyclic Aromatic Hydrocarbons; PAHs)는 두 개 이상의 벤젠고리가 결합된 형태로 원유의 주요한 구성성분 중 한 가지이다. 극성화합물은 황이나, 질소, 산소와 같은 원자와 탄소가 결합함으로써 높은 분자전하를 가지는 화합물이다. 이들 중 저분자량 화합물은 레진으로 통칭되며, 원유가 점착성을 갖게 한다. 고분자량의 극성화합물은 도로포장에 주로 이용되는 아스팔텐으로 대표된다. 아스팔텐은 아주 큰 분자구조를 가지며, 원유 내에 다량 존재하게 되면 기름의 환경 내 거동에 큰 영향을 미치게 된다(표 1-1).

기름의 밀도에 따라 구성성분의 차이가 뚜렷해진다. 포화탄화수소의 경우 경질유가 중질유에 비해 4배 이상 높으며, 레진과 아스팔텐의 주성분인 극성화합물의 비율은 중질유에서 50배 이상 증가하게 된다(그림 1-1). 이러한 성분의 차이는 기름 생성 과정에 미치는 미생물분해의 영향에 기인한다.

표 1-1 원유를 구성하는 탄화수소 성분과 주요 특성

구분	구성성분	주요 특성	유류 중 조성비(%)
포화 탄화수소	1. 알칸: 사슬형(노말알칸) 및 　분지형(이소알칸) 2. 시클로알칸: 포화된 고리구조 3. 왁스: 고분자 알칸	• C_{22}까지 빠른 미생물 　분해 • 낮은 물용해도 • 낮은 수서생물독성	휘발유: 50~60 경유: 65~95 경(輕)질원유: 55~90 중(重)질원유: 25~80 중(重)질연료유: 20~30
방향족 탄화수소	1. 단환방향족탄화수소(BTEX): 　하나의 벤젠고리 2. 다환방향족탄화수소(PAHs): 　2~6개의 벤젠고리	• 포화탄화수소보다 늦 　은 미생분해 • 높은 물용해도 • 높은 수서생물독성	휘발유: 25~40 경유: 5~25 경(輕)질원유: 10~35 중(重)질원유: 15~40 중(重)질연료유: 30~50
극성 화합물	1. 레진: 질소, 황 또는 산소와 　결합된 저분자량 화합물 2. 아스팔텐: 거대분자량 화합물	• 매우 느린 생물학적/ 　물리적 분해 • 매우 낮은 물용해도 　및 수서생물독성	휘발유: 0 경유: 0~2 경(輕)질원유: 1~15 중(重)질원유: 5~40 중(重)질연료유: 10~30

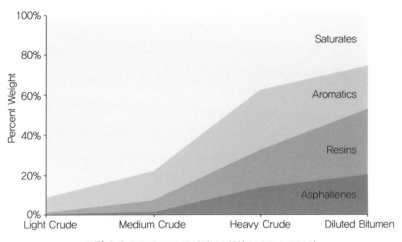

그림 1-1 유종별 주요 구성성분 변화(NASEM, 2016)

1.2 유류의 종류와 특성

유류의 종류와 특성은 해양환경으로 유출된 유류의 환경 내 거동, 생물 노출 그리고 생태계 급·만성 독성에 직접적인 영향을 미친다. 원유와 원유를 정제한 정제유는 다양한 분자량과 분자구조를 갖는 수많은 탄화수소의 혼합물이다. 모든 원유는 휘발유와 같은 가벼운 성분뿐만 아니라 타르와 왁스 같은 무거운 성분도 포함하고 있다. 탄화수소 성분의 화학적 조성의 차이는 유류의 물리·화학적 특성을 크게 변화시킨다. 예를 들어, 원유에 따라서 점도가 낮은 경질의 휘발성 액상유 형태에서 점도가 높은 반고형유의 형태까지 나타날 수 있다. 이런 물리·화학적 특성은 유출유의 해양환경 내에서의 거동에 영향을 크게 미치기 때문에 이에 따른 방제 방법도 달라져야 한다.

환경으로 유출된 유류의 거동의 예측을 이해하기 위해서 유사한 특성을 갖는 유류를 몇 개의 범주로 구분할 수 있다. 비슷한 방법으로 유출된 유류에 의해 해양생물이 오염될 수 있는 상대적인 위해도 특성을 기술할 수 있다. 표 1-2에서는 유출사고가 빈번하게 일어나는 유류의 종류들을 유류의 물리화학적 특성에 따라 5개의 범주로 나누어 요약했다. 이런 간편한 비교표는 사고 초기에 해양생물의 오염 및 영향 잠재력 여부를 판단하는 데 활용될 수 있다.

1.3 유류의 해양유입

기름은 다양한 종류의 유입원으로부터 해양으로 유입되며, 매년 대략 1,245,000톤 정도가 유입되는 것으로 알려져 있다. 기름은 대형 기름유출

표 1-2 기름 범주별 물리화학적 특성에 따른 해양생물 오염영향

휘발유 제품	경유 유사 제품과 경(輕)질유	중(中)질유와 중간 제품	중(重)질유와 부산물	가라앉는 기름
예) 가솔린	예) No.2 연료유, 제트유, 케로젠 등유, 서부텍사스 원유, 얼바타 원유	예) 아라비안 원유, 쿠웨이트산 원유, 배베 원유, 알래스카산 원유, IFO 180, 윤활유	예) 생호아킨밸리 원유, 베네주엘라 원유, No.6 연료유	예) 매우 무거운 No.6 연료유, 잔유
비중 < 0.8 표충 부유	비중 < 0.85 API도 35~45 일반적으로 표충 부유, 부유깃에 접촉 시 지충 퇴적	비중 0.85~0.95 API도 17.5~35 일반적으로 표충 부유, 표착해안 또는 쇄파대에서 모래와 섞이게 되면 연안에 퇴적	비중 0.95~1.00 API도 10~17.5 일반적으로 표충 부유, 담수 또는 하수에서 에멀전화되거나 표착해안 또는 쇄파대에서 모래와 섞이게 되면 연안에 퇴적	비중 > 1.0 API도 < 10 담수에서 침강; 담수 또는 하수에서 에멀전화되거나 표착해안 또는 쇄파대에서 모래와 섞이게 되면 연안에 퇴적
고휘발성으로 잔류물 없음	정제되는 휘발기능하며 잔류물 없으나 연료는 잔류물 생성	24시간 내 1/3까지 휘발하며, 지속성 강한 잔류물 형성	거의 휘발되지 않으며 지속성 강한 잔류물 형성	침강 시 거의 휘발되지 않고 풍화도 매우 느리게 진행
낮은 점성, 빠르게 확산하며 얇은 유막 형성, 에멀전 형성 안 함	낮거나 중간의 점성, 빠르게 확산하며 기름띠 형성, 자연분산 가능, 불안정한 에멀전 형성	중간에서 높은 점성, 유출 조기에 자연분산, 에멀전 형성	반고체의 매우 높은 점성, 수중에서 분산 및 혼합 잘 안 됨, 매우 안정한 에멀전 형성	고점도로 어류에 대한 위해도는 낮음, 침강으로 만성적인 오염원이 될 수 있으며 생물
빠르게 완전히 휘발하기 때문에 생물에 대한 위해도는 낮음, 수중에서 잘 혼합될 수 있어 좁은 반째와 공간에서는 영향 증가 가능	반휘발성이 윤해기능한 방향족탄화수소를 많이 함유하고 있어 중간에서 높은 급성 급림 위험 높음	자본자량이 방향족탄화수소를 많이 함유하고 있어 중간에서 높은 급성 급림 위험 높음	융해 기능한 성분이 적고 자연산이 어렵기 때문에 어류에 대한 위해도 낮음, 표착해안의 때로는 중간에서 생물에 높은 급림 위험 높음	고정도로 어류에 대한 위해도는 낮음, 침강으로 만성적인 오염원이 될 수 있으며 표면 코팅 위험이 높아 자생생물에게는 중간에서 높은 위해도

*API도는 밀도 대신 석유업계에서 사용하는 단위/API(60°F) = (141.5/유류 밀도) − 131.5

사고를 통해서 바다로 유입될 뿐만 아니라, 일반적인 선박 운항 중 소량
의 기름 유출, 고의적인 폐유 무단투기, 석유시추 및 처리작업 중 유출,
원유의 운송 및 저장과정 중의 유출, 산업폐수 및 도시하수를 통한 유출
등 다양한 원인에 의해 해양으로 유입된다. 또한 대륙붕 등 해저유전
지대에서는 기름이 해저로부터 스며나와 자연적인 경로로 해양에 유입
되기도 한다. 이처럼 다양한 기름의 유입원 중에서 자연적인 누출에 의
한 기여도가 48%로 가장 높으며, 유조선 운항(15%), 유조선 사고(13%),
그리고 연안시설(9%)에서의 배출 순으로 알려져 있다. 하지만 사회적인
이목을 크게 끄는 것은 주로 바다에서 유조선 사고에 의한 기름유출로
서, 선박사고의 경우에는 좌초에 의한 기름유출이 가장 큰 비중을 차지
하며, 이어서 충돌, 선체파손 등의 순인 것으로 알려져 있다(GESAMP,
2007).

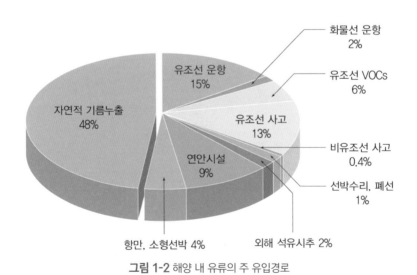

그림 1-2 해양 내 유류의 주 유입경로

한편, 미국 한림원에서 최근 발간한 보고서에 따르면 자연적 유입과 기름 사용에 따른 석유계탄화수소의 기여도 평가가 달라서 해양오염뿐만 아니라 기후변화 관련 환경현안에 대해서 새로운 접근이 필요함을 시사하고 있다(NASEM, 2023). 먼저, 자연적 유입 부분에서 기름보다는 가스 형태의 누출이 지배적이고, 북미 연안 지역에서만 2백만~9백만 톤의 가스가 수층으로 유입되는 것으로 계산되었다. 누출 가스가 대부분 강력한 온실가스인 메탄임을 감안하면, 대기 중 메탄 수지 계산에서 해양 기인 메탄의 대기 배출 플럭스가 재평가될 필요가 있다. 기름 운송과정 중 사고로 인한 기여도가 0.1% 미만이었고, 기름 사용에 따른 육상 유출수가 89% 이상으로 기존 통계와는 큰 차이를 보였다. 육상 유출수는 도시지역의 자동차 운행과 정비 활동 등이 주된 오염원이고, 북미 지역에서 120만 톤, 전지구적으로 4백만 톤 유입되는 것으로 평가되었다(표 1-3). 표에 제시되지 않았지만 대기 유입 또한 석유계탄화수소의 주요 유입경로이며, 대부분의 연구자들이 유류 내 주요 독성물질인 PAHs 위주로 계산을 시도했다. 연간 50만 톤 이상의 PAHs가 해양으로 유입되고, 바이오연료, 산불, 발전소, 생체연소, 디젤차량 등에 의한 기여도가 높은 것으로 평가되었다.

유출사고 발생 시 사고에 따른 오염영향평가를 위해서는 배경오염에 대한 사전 조사자료가 필수적이다. 특히, 연안역에 도시, 공업지역, 항만 그리고 차량운행이 많은 국내 환경을 고려할 때 육상 유출수의 상시적인 오염영향에 대한 주기적인 모니터링이 필요하다. 이와 함께 국내 연안으로 유입되는 석유계탄화수소 오염에 대한 인벤토리 구축 또한 효율적인 해양환경 관리를 위해 요구된다.

표 1-3 북미 연안으로 유입되는 석유계탄화수소 통계(NASEM, 2023)　　　　(단위: 톤)

자연적 유입	100,000[a]
기름 누출	100,000
가스 누출	2-9 Tg
석유시추	
DWH[b] 제외	9,500
DWH 포함	66,500
플랫폼	1,100
MC-20	1,600
DWH	57,000
시추 폐수	6,800
기름 운송	818
파이프라인 사고	380
유조선 사고	200
상선 사고	8
연안 터미널 사고	220
연안 정유공장 사고	10
기름 사용	1,200,399
육상기인 유출수	1,200,000
소형선박 사고	390
선박운항	9[c]
총계(DWH 제외)	1,343,000
총계	1,400,000

[a] 가스누출 제외 소계
[b] Deepwater Horizon Oil Spill
[c] 선박운항 시 배출규정 준수 가정

1.4 해양 유류 유출사고

ITOPF(International Tanker Owners Pollution Federation)의 통계에 따르면 최근까지 약 10,000건의 유조선 오염사고가 발생했으며, 7kL 미만의 소형 사고가 80% 이상을 차지한다고 한다. 1970년대 이후 유조선 사고 빈도는 지속적으로 감소하여, 7kL 이상 중대형사고 건수는 1970년대 연평균 79건을 정점으로 2010년대 연평균 6건 수준으로 10배 이상 줄어들었다(그림 1-3). 이러한 사고 감소는 IMO(International Maritime Organization) 주도의 선박 운항 안전과 오염예방을 위한 국제적인 노력의 결과로 1973년 채택된 MARPOL 협약이 대표적이다. 협약의 부속서 1은 기름에 의한 오염방지를 규정하고 있으며, 선저폐수, 선박평형수, 원유세정장치 및 유조선의 이중선체구조 의무조항 등을 포함하고 있다.

유출량 측면에서 유류오염 통계는 대형사고의 발생 여부에 따라 해마다 큰 차이를 보인다(그림 1-4). 1990년대에는 7톤 이상 사고가 358건

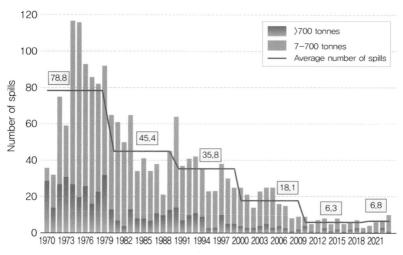

그림 1-3 1970~2023년 기간 중 7kL 이상 중대형 유류 유출사고 건수 통계(ITOPF)

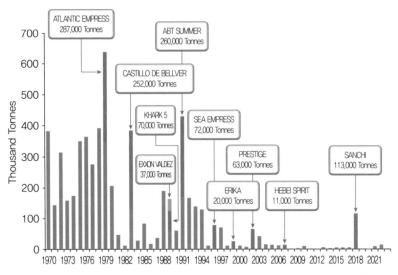

그림 1-4 1970~2023년 기간 중 7kL 이상 중대형 유류 유출사고로 인한 유출량 통계(ITOPF)

발생했고 1,134,000톤의 기름이 유출되었으나, 유출량의 73%는 10건의 사고에 의한 것이었다. 2000년대와 2010년대에는 10건의 사고가 각각 전체 유출량의 75%, 91%를 차지할 정도로 대형사고에 의한 기여율이 높았다. 특히, 2010년대의 경우 단일 사고가 70%의 비중을 차지하기도 했다. 단일 사고 유출량 기준으로 20만 톤 이상 사고 4건, 10만 톤 이상 7건, 6만 톤 이상 10건이 발생했다. 우리에게 잘 알려진 미국의 엑슨발데즈호 사고는 사고 규모로 36위, 국내에서 발생한 최악의 유출사고였던 허베이 스피리트호 사고는 132위를 기록할 정도로 기존 대형 사고의 규모가 컸다. 유류 유출사고 역사에서 이정표가 되었던 대표적인 사고 사례에서 여러 가지 교훈을 얻을 수 있다(Box 1-1). 사고예방 및 대응, 국제협약, 유처리제 사용, 피해 보상, 국제기금 등 체계적인 유류오염 사고 대비 및 대응방안이 마련되는 데 50년 이상의 시간이 걸렸다.

Box 1-1   대표적인 대형 유류 유출사고

토리캐넌호 사고

1967년 3월 18일 119,000톤의 원유를 적재한 라이베리아 선적의 토리캐넌호가 실리섬과 영국 연안 사이에 좌초하였다. 가용한 모든 방제조치에도 불구하고 유출유가 수 주간 해협을 표류하다 영국과 프랑스 해안을 덮치게 된다. 결국 추가 오염을 우려하여 폭격기를 동원하여 유조선을 침몰시켰다. 해상 방제를 위해 유처리제가 대량 살포되었으며, 당시 유처리제는 유출유보다 독성이 강하여 생태계에 큰 영향을 미쳤다. 이 사고로 인해

www.jamd.com

유럽 각국에서는 유류오염 방제 예방과 대응 정책을 수립했으며, 유류오염 보상을 위한 국제협약 논의를 시작하였다.

아모코카디즈호 사고

1978년 3월 16일 라이베리아 선적의 아모코카디즈호는 227,000톤의 원유를 운송하는 과정에서 선박 조종 계통 손상으로 두 차례의 예인 시도에도 불구하고 프랑스 브르타뉴 지역 해안 암초에 좌초하게 된다. 선박이 쪼개지면서 적재된 원유 전량이 서서히 유출되어 프랑스 브레스트에서 생브리외까지 360km 해안을 오염시켰다. 해당 사고는 선박 좌초로 인한 세계 최대 규모의 유출사고로 기록되었다. 이 사고로 인해 프랑스 정부는 유류오염 대응을 위한 국가긴급계획을 전면 수정하고(Polmar Plan),

www.black-tides.com

비축물량을 확충했으며(Polmar Stockpiles), 해협 내 선박통항로를 설정하게 된다. 프랑스 정부와 지역사회는 미국의 아모코사에 손해보상을 청구했으며, 14년간 이어진 소송을 통해 1억 9천2백만 유로의 보상금을 받았다.

엑슨발데즈호 사고

1989년 3월 24일 18만 톤의 원유를 적재한 엑슨발데즈호가 알래스카의 프린스윌리엄만에 좌초하였다. 약 4만 톤의 원유가 유출되었으며 1,700km에 달하는 해안을 오염시켰다. 예상치 못한 대형 사고에 충격을 받은 미국 시민사회에서는 수만 명의 자원봉사자가 참여하여 야

http://response.restoration.noaa.gov

생조류와 포유류를 구조하고, 해안방제작업에 힘을 보탰다. 엑슨사를 대상으로 각종 소송이 제기되었으며, 징벌적 보상금 50억 불에 대한 지난한 소송 끝에 2009년 12월 5억 불로 최종 판결이 났다. 엑슨사는 20억 불의 방제비용과 10억 불의 합의금을 이미 지불한 것으로 징벌적 보상금 액수를 감면 받을 수 있었으며, 역사적으로 가장 비싼 유출사고의 하나로 기록되었다. 사고 이후 미국 정부는 1990년 「유류오염방지법(Oil Pollution Act)」을 통과시켰으며 유조선의 이중선체구조를 의무화하게 된다.

에리카호 사고

1999년 12월 12일 몰타 선적의 에리카호는 31,000톤의 중유를 적재하고 항해 중 폭풍으로 프랑스 브르타뉴 해안에서 선체가 두 조각나게 된다. 약 2만 톤의 중유가 유출되어 프랑스 해안을 오염시켰으며, 어업과 관광산업에 중대한 영향을 끼쳤다. 광범위한 해안에서 방제작업이 진행되었으며, 2000년

www.youngreporters.org

여름 좌초된 선박에 남아있던 중유를 제거하게 된다. 선사를 대상으로 개인, 회사,

지역사회 및 프랑스 정부가 수천 건의 손해보상 소송을 제기하였으나, 유류오염보상 기금의 한도액을 초과하였다. 이를 계기로 국제유류오염보상기금의 한도액을 실질적 으로 증액시켜 추가기금을 설립하게 된다.

프레스티지호 사고

2002년 11월 13일 프레스티지호는 77,000톤의 중유를 적재하고 싱가포르로 항해 중 스페인 갈리시아의 피니스테레만 인근에서 구조요청을 하게 된다. 선원들은 헬기로 구조되었고 선박은 예인상태로 6일간 피항지를 찾아다녔으나, 오염사고 우려로 접안이 거절되어 결

https://safety4sea.com/

국 선체가 해상에서 두 조각나게 된다. 이 사고로 선체는 3,500m 심해로 침몰하게 되고, 6만 톤 이상의 중유가 해상으로 유출되었다. 수 주간 유출유가 스페인 해안 1,000km 이상을 오염시켰으며 이후 프랑스 해안까지 오염시켜 유럽 역사상 최대 규모의 방제작업이 실시되게 된다. 파공 봉쇄작업에도 불구하고 지속적인 잔존유 유출이 발생하자 2004년 여름 스페인 정부는 3,500m 심해에서 잔존유를 펌핑하는 고난이도의 작업을 실시하였다. 이로 인해 천문학적인 방제비용이 소요되었으며, 갈리시아 해안 방제작업에만 25억 유로를 지출하여 엑슨발데즈호 사고를 뛰어넘게 되었다.

국내 유류오염 사고 통계에 따르면 1979년부터 2022년까지 국내 연안에서 발생한 총 유출사고 건수는 12,394건, 총 유출량은 80,991kL이다 (그림 1-5). 연평균 282건 발생했고, 연평균 유출량은 1,840kL였다. 사고 건수는 1980년대 이후 지속적으로 증가하여 1998~2001년 기간에 연 450건 이상 발생했으며, 2000년을 기점으로 지속적으로 감소하는 추세를 보인다. 유출량의 경우 대형 사고 발생 여부에 따라 편차가 심하지만 전반적으로 1990년대 이후 점차 감소하는 추세이다. 10년 단위로 비교

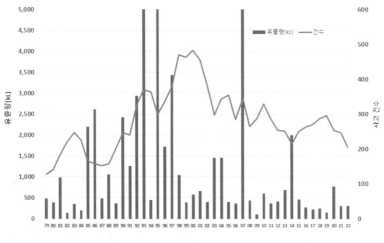

그림 1-5 국내 유류 유출사고 연간 발생건수 및 유출량(자료: 해양경찰청)

하면 이러한 감소 추이는 더욱 뚜렷하게 드러난다. 1980년대에 연평균 845kL에서 90년대 4,491kL로 최고치를 보였으며, 2010년대 546kL로 크게 감소했다. 유난히 대형사고가 많았던 1993년과 1995년에는 각각 15,460kL, 15,776kL가 유출되었으며, 뒤를 이어 2007년에 14,022kL가 유출되었다.

국내에서 발생한 대표적인 대형 유출사고는 1993년의 코리아 비너스호 사고(유조선, 옹진군, 경유 4,280톤), 1995년 씨프린스호 사고(유조선, 여수, 원유 등 5,035톤), 제1유일호 사고(유조선, 부산, 벙커유 2,900톤), 호남 사파이어호 사고(유조선, 여수, 원유 1,400톤), 97년 제3오성호 사고(유조선, 통영, 벙커유 1,700톤), 2007년 허베이스피리트호 사고(유조선, 태안, 원유 10,900톤), 2014년 우이산호 사고(유조선, 여수, 원유 등 899kL) 등이 있다. 최근에는 2020년 리스폰더호 침몰사고(케이블부설선, 통영, 벙커유 629kL)가 발생한 바 있다. 2000년 이후 대형 유출사고의 빈도수가 감소한 것은 사고 예방 노력뿐만 아니라, 사고 발생 시 사고선박에 적재된 기름의 외부 이적, 파공 봉쇄 등을 통한 대량 유출 방지와 유출유에 대한 적극적인 방제 조치가 가시적 성과를 나타내고 있는 것으로 보인다. 하지만 우리나라는 석유수입 5위 국가로 유조선을 포함한 대형선박의 통항과 최근 기후변화로 빈발하고 있는 슈퍼태풍 등의 영향으로 대형사고 발생의 위험성은 여전히 높은 상황이다.

1.5 기름의 고유한 화학적 특성: 유지문

사람의 지문(指紋)은 기본적으로 모두 달라서, 범죄수사나 개인인증에 오래전부터 활용되었다. 유지문(油指紋)이란 사람이 아닌 각각의 기름이 갖고 있는 고유의 화학적 조성을 일컫는 말이다. 석유가 긴 지질학적인 시간을 거쳐서 만들어질 때, 재료가 된 유기물의 성분비, 온도, 압력 등의 조건에 따라서 서로 다른 화학적 조성을 갖게 된다.

유지문의 활용은 크게 두 분야로 나누어 설명할 수 있다. 첫째는 유류가 의도적 또는 비의도적으로 유출되었는데 원인자가 알려지지 않았을 때 이를 식별해 내는 데 유지문 분석이 활용된다. 둘째는 유류 유출의 원인자를 알고 있으나, 유출해역 주변 환경이나 생물 등이 유출된 기름에 의해 오염되었는지 여부를 입증하는 데 활용된다. 왜냐하면 평시에도 자동차와 공장 배출가스, 폐수, 생활하수 등을 통해서 기름 성분이 만성적으로 환경 중으로 유입되기 때문이다.

원유는 일반적으로 수천 종의 탄화수소 성분으로 이루어져 있어, 이를 기기로 분석하게 되면 지문과 같이 검출된 화합물들의 피크 모양이 고유한 특징을 가지게 된다. 유지문 분석은 단계적인 접근법을 이용한다. 간단한 분석에서 점차 정밀한 분석으로 진행함으로써 효율적인 판단이 이루어질 수 있도록 한다. 1단계에는 불꽃이온화검출기(Gas Chromatography-Flame Ionization Detector; GC-FID)를 이용하여 포화탄화수소를 중심으로 분석을 실시하고, 2단계에는 주로 질량분석기(Gas Chromatography-Mass Spectrometer; GC-MS)로 PAHs 및 유류분자화석(molecular fossil, oil biomarker)을 분석하게 된다. 유지문기법에서 분석하는 PAH는 유류에 주로 포함되어 있는 알킬화된 PAHs 중심으로 분석하게 된다. 평시 환경 모니터링의 주요 분석대상인 16종의 PAH만으로는 유류 유출사고에 따른 오염도를 과소평가하는 오류를 범할 수 있다. 유류분자화석은 유류오염 사고에 가장 결정적으로 활용될 수 있는 요소이다. 유류분자화석은 장기간에 걸쳐 퇴적물의 속성과정을 거쳐 생성되었기 때문에 다른 탄화수소와 달리 풍화에 의해 쉽게 분해되지 않는 특성을 가지고 있다. 유지문 분석을 통해서 획득된 다양한 탄화수소 성분들 중에서 각 유류마다 고유한 값을 갖고 있는 특정 물질 간의 성분비를 판별지수로 활용하여, 사고유와 혐의유 간의 일치와 불일치 여부를 판단하는 것이 3단계가 된다.

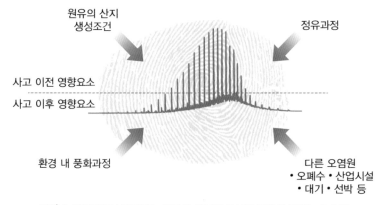

그림 1-6 해양에서 발견되는 유류의 화학적 조성에 영향을 미치는 요소들

최근의 유지문 분석 기술개발 현황은 각종 분석기기의 발전을 그대로 반영하고 있다. 기존에 주로 활용되던 검출기들과 함께, 최신의 장비들이 속속 응용되고 있다. 대표적인 것이 다차원가스크로마토그래피 분석기술과 개별화합물 동위원소 분석기술이다. 다차원가스크로마토그래피 분석은 기존의 모세관컬럼으로 분리가 되지 않던 화합물을 한 번 더 분리해 냄으로써 3차원적인 분리가 가능하게 하였다. 이로 인해 최근에는 그동안 잘 알려지지 않았던 유류 중의 미분리혼합물(Unresolved Complex Mixture; UCM)의 분리 분석을 포함해 수천 종의 탄화수소를 구별할 수 있으며, 이를 이용한 유지문 연구도 활발히 진행되고 있다. 그리고 개별화합물 동위원소 분석기술은 한 종류의 탄화수소 화합물에 포함되어 있는 탄소의 동위원소 함량을 정량적으로 분석하는 기술이다. 석유는 생성과정에서 탄화수소의 성분비가 달라질 뿐만 아니라, 각 탄화수소 화합물의 탄소 동위원소 비 ($^{13}C/^{12}C$)도 차이를 보이게 된다. 다른 탄화수소의 성분비가 풍화와 생분해 과정에서 일부 변하는 것과 달리, 개별화합물의 탄소 동위원소 비는 거의 일정하게 유지가 되며, 이를 이용해 유지문을 식별하는 데 이용한다.

　　유지문을 분석하여 유류 유출의 원인자를 식별하는 것은 형사상의 처벌은 물론 민사상의 피해보상을 위해서 법정에서 증거로 활용될 수 있다. 유류는 물론 다른 유해물질의 불법 유출 및 오염의 원인자를 식별하기 위하여 유사한 화학적인 분석기법들이 활용되고 있는데 이를 법의학에 대비하여 환경법과학(Environmental Forensics)이라고 부른다. 환경법과학은 최근 점차 증가하는 환경오염 문제로 인한 지역, 국가, 이해당사자 간의 환경분쟁을 해결하는 데 필요한 과학적인 증거를 제시해주는 분야로, 유지문기법이 대표적인 환경법과학 분야이다.

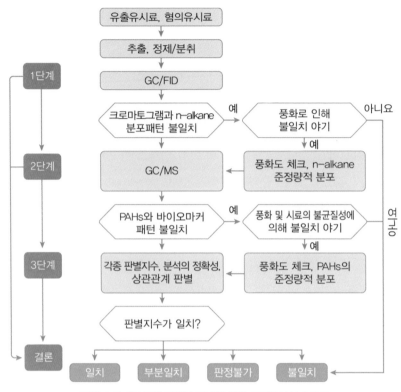

그림 1-7 사고유의 동질성 판별을 위한 유지문분석 흐름도

1.6 기름은 복잡한 혼합물: 환경원유체학

원유와 같이 매우 복잡한 성분으로 이루어진 물질을 분석하기 위해서는 한 가지 실험법으로 전체 성분을 분석하기는 불가능하며, 여러 가지 분석법을 활용하여 얻은 각각의 데이터를 포괄적으로 분석해야 한다. 가스크로마토그래피(Gas Chromatography; GC)의 경우 포화 탄화수소인 알칸과 같이 상대적으로 기화점이 낮고 극성이 낮은 물질, 나프텐이나

방향족 탄화수소의 분석에 유리하며 최근에는 다차원가스크로마토그래피(GC×GC)를 활용하여 더욱 세분화된 분석이 가능하다. GC×GC를 활용한 분석에서 크로마토그램상의 각각의 점들은 원유에 존재하는 각 성분을 의미하며 기화점(1차 컬럼, X축)과 극성(2차 컬럼, Y축)이 다른 수만 가지의 화학물질들이 검출된다.

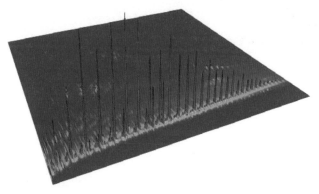

그림 1-8 허베이스피리트호 유출유의 하나인 이란산 원유의 GC×GC 분석 크로마토그램

질량분석법에는 수많은 이온화법이 존재하며 이온화법에 따라 검출되는 성분에 차이가 있다. 그러므로 실험목적에 적합한 이온화법의 선택을 통해 원유에 존재하는 다양한 성분들을 분자단위에서 동정이 가능하다. 질량분석법을 통해 얻은 스펙트럼에서 각각의 피크들은 이온화된 분석물질들의 질량 대 전하비(m/z)를 나타내며 이를 통해 분석물질의 분자식(분자조성)을 확인할 수 있다. 원유에 대한 질량분석 결과를 보면 원유의 종류 및 이온화 방법에 따라 결과가 다양하지만 일반적으로 수천에서 많게는 수만 개의 물질들이 검출이 되며 1달톤(dalton) 내에서도 매우 많은 물질이 존재함을 알 수 있다.

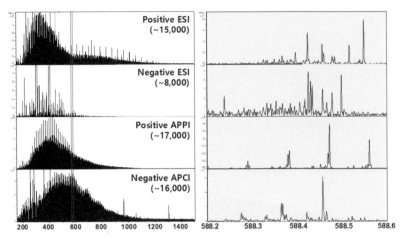

그림 1-9 이온화법에 따른 원유의 고분해능질량 스펙트럼과 검출된 이온의 개수

또한 원유에는 같은 질량값을 갖는 물질이라도 분자의 구조가 다른 수많은 이성질체가 존재하며 분자량이 클수록 더 많은 수의 이성질체가 존재할 수 있다.

이러한 이성질체의 다양성은 이온 이동도 질량분석법(ion mobility mass spectrometry)을 통해 확인할 수 있다. 이온 이동도 질량 스펙트럼에서 X-축은 분석물질의 질량 대 전하비를 나타내며 Y-축은 이동시간(drift time)을 나타낸다. 예를 들어 분자량이 300인 물질이 한 가지 구조로만 존재한다면 Y축상에 분자구조에 따른 이동시간에 상응하는 위치에서 하나의 점만이 나타나며, 다양한 이성질체가 존재한다면 동일 Y축 상에서 각각 다른 이동시간에서 여러 개의 점으로 검출이 된다. 이온 이동도 질량스펙트럼의 결과에서 보여지듯이 원유에는 분자량은 같지만 구조가 다른 물질이 매우 많이 존재함을 알 수 있다. 특히 환경으로 유출된 원유의 경우 풍화(weathering)를 겪으며 원유에 존재하는 화학 성분들에 많은 변화가 일어나며 그 복잡성은 더욱 심화된다. 풍화를 통해 원유에 존재하던 기존 물질들의 분해가 일어나며 그 과정에서 새로운 물질들이 생겨난다. 대표적인 풍화과정 중 광산화(photooxidation)의 경우 산화가 진행될수록 기존 화학구조에 산소가 결합하여 케톤이나 하이드록실기 또는 카르복실기를 만드는 것으로 잘 알려져 있으며, 또한 방향족 화합물들의 벤젠고리를 끊는 고리 열림(ring cleavage) 반응이 일어난다.

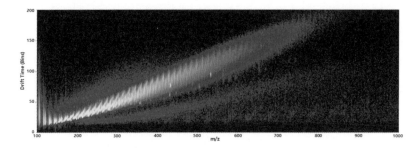

그림 1-10 원유의 이온 이동도 질량분석 실험 결과

Chapter 2 유출유의 환경 내 거동

2.1 기름의 풍화

바다에 기름이 유출되면 수면에 기름층을 형성하며 넓게 퍼져 나간다. 이때 다양한 물리, 화학, 생물학적 작용에 의해 기름의 성질이 변하게 되는데, 이러한 과정을 기름의 경시변화 또는 풍화작용이라고 한다. 증발, 확산, 용해, 퇴적 등 대부분의 풍화작용은 바다 수면에서 기름을 감소시키는 역할을 하지만, 에멀전화와 같은 작용은 기름의 점도를 증가시키기 때문에 바다에 기름이 잔류하는 시간을 증가시키기도 한다. 풍화의 정도, 속도, 각 과정의 상대적 중요도는, 기름의 종류, 유출량, 기상 및 환경 조건 등에 의해 결정된다. 바다에 유출된 기름은 아래 각각의 풍화과정을 거치고 장기간의 생물분해과정을 거쳐 궁극적으로는 해양환경에서 제거된다.

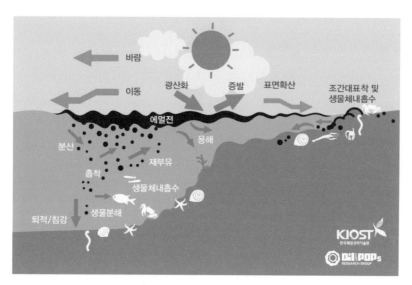

그림 2-1 유출유의 해양환경 내 거동

2.1.1 표면 확산(spreading)

바다에 유출된 기름은 일차적으로 해수 표면을 따라 퍼져나간다. 점도가 낮은 기름일수록 광범위한 해역으로 더 빨리 퍼져나간다. 시간이 지남에 따라 거대한 기름층은 여러 개로 나눠지며, 바람, 파도 등에 의해 바람과 평행한 방향으로 띠 모양을 형성하여 이동한다. 이때 이동속도는 수온, 해류, 조류, 풍속 등에 의해 결정되며 악천후일수록 더 빨리 이동해 나간다. 기름이 바다 표면에 넓게 퍼지게 되면 기름 중 가벼운 성분들의 증발 및 용해가 촉진된다.

2.1.2 증발(evaporation)

초기 풍화 과정 동안, 기름 속에 있는 가벼운 휘발성 성분들은 공기 중으로 증발된다. 증발되는 양과 속도는 기름의 휘발성(volatility)에 의해 결정된다. 가벼운 휘발성 성분들을 많이 포함한 기름은 무거운 화합물을 포함한 기름에 비해 빨리 그리고 더 많이 증발된다. 휘발유, 등유, 경유 등과 같은 정제유들은 유출된 후 며칠 만에 모두 증발되어 없어질 수 있는 데 반해, 무거운 성분의 연료유는 바다에 유출되어도 거의 증발되지 않는다. 기름이 유출된 후 더 넓게 퍼질수록 잘 증발되며 파도와 바람이 세고 수온이 높을수록 증발이 빨리, 그리고 많이 일어난다.

2.1.3 분산(dispersion)

바닷물 표면에 퍼진 기름층은 파도나 다른 물리적 교란작용에 의해 다양한 크기의 작은 방울(droplet)로 부서져서 수층으로 퍼져 나간다. 크기가 큰 기름방울들은 다시 수면으로 떠올라 얇은 유막을 형성하여 퍼져 나가기도 하고, 미세한 크기의 입자들은 수층에 떠다니게 된다. 수층으로 확산된 미세한 입자들은 비표면적이 증가하여 용해, 생물분해, 퇴적 등의 다른 풍화작용을 촉진시키기도 한다. 가벼운 성분을 많이 함유하고 점도가 낮은 기름일수록, 그리고 악천후일수록 수층 내 확산속도는 커진다. 또한 유처리제를 사용하여 기름의 확산을 촉진시키기도 한다.

2.1.4 에멀전화(emulsification)

바다 표면에서 파도 등 물리적인 교란에 의해 기름과 물이 섞이고 기름 안에 물입자들이 갇히게 됨에 따라 마치 초콜릿 푸딩처럼 보이는 에멀전(emulsion)이 형성된다. 이렇게 형성된 에멀전은 원래 기름보다 부피가 더 증가하고 끈적해진다. 에멀전화된 기름은 확산/분산이 어려워 해양환경 내에 더 오랜 기간 머무를 수 있다. 에멀전은 해안에 표착되거나 잔잔한 수면에서 장시간 햇볕에 의해 가열되면 다시 물과 기름으로 분리되기도 한다.

2.1.5 용해(dissolution)

기름 중 수용성 성분들은 주변 바닷물로 용해되어 들어간다. 용해되는 정도는 기름의 조성에 따라 달라지며, 기름이 수층에 미세하게 분산되었을 때 더 잘 용해될 수 있다. 기름 중 잘 용해되는 성분은 주로 작은 분자량의 방향족 탄화수소이지만 실제로 이들은 증발과정에 의해서 빠르게 환경 중으로 제거되기도 한다.

2.1.6 광산화(photooxidation)

기름은 산소와 화학적으로 반응하여 친수성 화합물을 생성하거나 타르와 같이 오래 잔류할 수 있는 물질로 변한다. 이러한 산화과정은 햇빛에 의해 촉진된다. 하지만 산화과정은 매우 느리고 산화되어 분해되는 기름의 양은 매우 제한적이다. 두껍고 점도가 높은 기름이나 에멀젼의 겉표면이 산화되면, 겉은 딱딱하고 안쪽은 대체적으로 물렁한 기름을 포함하는 타르가 형성되고, 이렇게 형성된 타르는 해양환경에 오랜 기간 머무르게 된다.

2.1.7 퇴적/침강(sedimentation/sinking)

일부 무거운 기름이나 정제유는 비중이 1보다 커서 민물이나 기수역에서 물속으로 가라앉을 수 있다. 그러나 바다에서는 바닷물(비중 1.03)보다 밀도가 큰 일부의 원유만이 해저면으로 침강할 수 있다. 또한 풍화된 기름에 퇴적물과 같은 입자가 흡착되어 밀도가 증가함으로써 침강하기도 한다. 모래 해안에 표착되었던 기름이 종종 모래와 섞여서 밀도가 증가하여 다시 바다로 씻겨 나가 가라앉기도 하며, 기름이 불에 탄 후 남은 높은 밀도의 잔유물이 바닥으로 가라앉기도 한다.

2.1.8 생물분해(biodegradation)

바닷물 속에는 다양한 종류의 미생물이 살고 있고, 이들 중 일부는 기름을 분해할 수 있는 능력을 가지고 있다. 생물분해가 원활히 진행되기 위해서는 영양염이 충분히 공급되고 적절한 수온과 산소농도가 유지되어야 한다. 미생물분해를 위해서는 산소가 필요하기 때문에 이 과정은 기름과 물의 경계면에서만 이루어지며, 기름 내부에는 산소가 없기 때문에 생물분해가 일어날 수 없다. 자연적 혹은 유분산제를 사용하여 기름을 분산시키면, 기름의 비표면적이 증가하여, 즉 생물분해가 일어날 수 있는 면적이 증가하여 기름의 분해를 촉진시킬 수 있다.

2.2 물먹은 기름: 에멀젼

해상으로 유출된 기름은 기름 종류에 따라서 빠르게 물과 혼합되어 기름 속에 물방울이 들어간 물먹은 기름, 즉 에멀젼을 형성한다. 기름의 종류와 해황에 따라 달라지긴 하지만 시간의 경과에 따라 기름 내 수분 함량이 증가하게 되며, 최고 90% 이상까지 함유하기도 한다. 에멀젼은 색상과 형태에 따라 초콜릿 무스, 패티로 불리기도 한다. 허베이스피리트호 유류오염 사고 일주일 경과 후 안면도 일대에 나타난 기름의 형태는 언론에 보도된 타르가 아니라, 안정형 에멀젼이 잘게 부숴진 형태이다. 타르와 에멀젼은 환경 내 거동과 화학적 성상이 다르며, 방제 방법 또한 다르다. 타르는 유출유가 장기간 풍화되어 고형화된 형태의 기름이며, 에멀젼은 수분함량이 높은 물먹은 기름이다. 타르는 특성상 독성성분의 함량이 유출 직후의 기름에 비해 낮으며, 방제도 쉽게 진행될 수 있다. 그러나 에멀젼은 풍화도가 낮기 때문에 독성성분의 함량도 높고, 암반 해안 등에 표착하게 되면 방제가 힘든 측면이 있다. 방제와 환경영향평가의 측면에서 유출유의 상태에 대한 용어정립은 필수적이다.

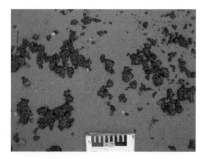

그림 2-2 허베이스피리트호 유류오염 사고 시 꽃지해안에 표착한 안정형 에멀젼(사진: KIOST)

에멀젼은 생성 초기에는 낮은 점성을 지니고 물과 기름으로 되돌아가려는 불안정한 경향을 나타낸다. 불안정한 에멀젼은 단순하게 기름 내에 물방울들이 혼합되어 있고, 에멀젼 파괴와 형성 사이의 동적인 평형상태로 해수면에 존재한다(그림 2-3a). 아스팔텐은 물방울과 기름 사이에 탄력있는 표면을 만들고 왁스, 아스팔텐, 그리고 레진의 혼합적인 계면활성 효과에 의해 에멀젼은 안정하게 된다(그림 2-3b). 증발로 인해 휘발성 성분이 손실되고 기름의 점도와 아스팔텐, 레진 그리고 왁스의

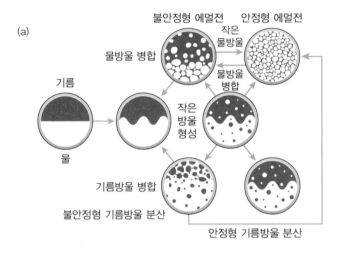

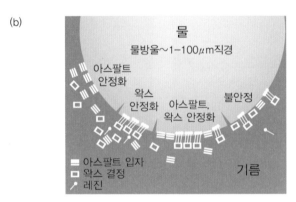

그림 2-3 해상에서 에멀젼 형성 기작

함량이 증가하면 에멀젼은 더욱 안정화되게 된다. 해양환경에서 안정화된 에멀젼은 원유에 비해 매우 점성이 높고 더 지속성이 있게 된다.

에멀젼은 일반적으로 다음 네 가지의 형태로 분류된다(표 2-1). 불안정형 에멀젼(unstable emulsion), 혼입형 에멀젼(entrained emulsion), 부분안정형 에멀젼(meso-stable emulsion) 그리고 안정형 에멀젼(stable emulsion) 형태로 나타난다. 불안정형 에멀젼과 혼입형 에멀젼은 기름의

표 2-1 해상 유출유 에멀젼의 종류 및 특성

구분	안정형 에멀젼	부분안정형 에멀젼	혼입형 에멀젼	불안정형 에멀젼
형성 직후 상태	갈색 고형	갈색의 끈적한 액상	검은색으로 큰 물방울이 들어 있는 상태	기름과 유사
형성 직후 수분함량(%)	80	62	42	5
형성 일주일 후 상태	갈색 고형	깨짐	기름과 물이 분리	기름과 유사
형성 일주일 후 수분함량(%)	79	38	15	2
안정화 기간(일)	> 30	< 3	< 0.5	-

점도에 의해 기름 내에 단순히 물방울이 결합된 에멀젼을 말한다. 이는 주로 파도와 같은 해양의 물리적 에너지에 의해 형성되며, 아스팔텐과 레진의 함량이 충분하지 않은 경우와 이들의 함량이 충분하지만 방향족의 함량이 높을 경우 이러한 형태의 에멀젼이 형성된다. 불안정형 에멀젼은 해양에서 파도가 약해지면 몇 분 또는 몇 시간 이내에 에멀젼이 깨져 물과 기름으로 분리된다. 불안정형 에멀젼은 비록 물방울 크기의 수분이 육안으로 충분히 관찰되더라도 유출된 원유와 특성이 유사하게 나타난다. 부분안정형 에멀젼은 기름에 작은 물방울이 존재하는 형태로 기름의 점도와 아스팔텐과 레진의 표면장력에 의하여 형성된다(그림 2-3). 기름에서 아스팔텐 또는 레진의 함량이 적어도 질량의 3% 정도는 되어야 이러한 형태의 에멀젼이 형성된다. 부분안정형 에멀젼의 점도는 유출된 원유에 비해 20~80배 정도 높다. 이 에멀젼은 수일 내에 기름과 물로 분리되거나 안정형 에멀젼으로 바뀌게 된다. 부분안정형 에멀젼은 점성이 있는 액상으로 적갈색을 나타낸다. 안정형 에멀젼은 부분 안정형 에멀젼과

유사한 형태를 나타내며 기름 내 아스팔텐의 함량이 적어도 8%는 되어야 형성이 된다. 안정형 에멀젼의 점도는 유출된 원유에 비해 대략 500~800배 정도 높고 몇 주에서 몇 개월 동안에도 안정한 형태를 유지한다. 안정형 에멀젼은 적갈색이며, 높은 점성으로 고체상에 가깝다. 이러한 에멀젼의 형성은 기름의 종류와 물리화학적 특성에 따라 해양환경에서 다르게 나타난다.

2.3 타르볼

2.3.1 타르볼의 정의와 형성과정

타르볼은 작고 어두운 색상(주로 검정색 또는 갈색)의 풍화된 기름 조각이며, 기름유출 사고의 잔유물로서 바다를 떠다니다 해변에 밀려와 쌓인다. 해양에서 원유가 유출되면 바다 표면에 떠다니면서 기름의 물리적 특성이 점차 변화한다. 초기 풍화과정 동안, 기름 내에 존재하는 가벼운 휘발성 성분들은 공기 중으로 증발되어 버리고, 나머지 무거운 성분들이 뒤에 남게 된다. 이때 일부 기름은 물과 섞여 마치 초콜릿 푸딩처럼 보이는 에멀젼을 형성한다. 이렇게 형성된 에멀젼은 원래 기름보다 더 두껍고 끈적해진다. 바람과 파도에 의해서 이러한 기름 조각들이 더욱 부서지고, 또한 모래, 먼지 등의 입자와 엉겨붙어 고형화되면서 작은 조각의 타르볼이 만들어 진다. 지름 수십 cm의 부침개 크기 정도의 타르볼도 종종 관측되나 대부분의 타르볼은 동전 크기 정도이다. 타르볼은 바다에서 매우 오랜 시간 잔류할 수 있으며 수백 킬로미터를 떠다니기도 한다. 실제로 2007년 서해안에서 발생한 허베이스피리트 유류 유출사고의 기름이

전남 진도 및 제주도 북쪽 추자도까지 이동되어 발견되기도 하였다.

타르볼은 대형 기름유출 사고 시에만 나타나는 것이 아니라, 일반적인 선박 운항 중 소량의 기름 유출, 고의적인 폐유의 무단투기, 석유시추 및 처리작업 중 유출, 원유의 운송 및 저장과정 중의 유출, 산업폐수 및 도시하수를 통한 유출 등 다양한 원인에 의해 자연환경으로 기름이 유입되어 형성될 수도 있다. 또한 외국의 많은 경우처럼 대륙붕 등 해저유전지대에서 자연적으로 기름이 수층으로 나와 형성될 수도 있기 때문에, 타르볼을 선박에 의한 기름유출 사고와 항상 연관지을 수는 없다. 타르볼 내부의 성분을 다양한 분석화학적 방법으로 연구하면, 발견된 타르볼이 어느 사고에서 발생되었는지, 자연적인 것인지 인위적인 것인지, 또는 어느 지역에서 유래되었는지 등 타르볼의 기원에 대한 정보를 얻을 수 있다.

그림 2-4 허베이스피리트호 유류 유출사고 이후 해안에서 발견된 타르볼(사진: KIOST)

2.3.2 타르볼의 구조와 성질

풍화작용에 의해 만들어진 타르볼은 일반적으로 겉은 딱딱하고 부서지기 쉬우나 쪼개 보면 안쪽에는 부드럽고 끈적한 기름층이 그대로 남아 있는 경우가 많다. 파도와 같은 물리적 충격이 가해지면 타르볼이 깨지고 이러한 끈적한 액상의 기름이 새어 나와 주변 해역을 다시 오염시킬 수도 있다. 하지만 실험실에서 인위적으로 타르볼을 만들어 내거나 딱딱한 겉면의 두께를 측정하는 것이 사실상 어렵기 때문에, 자연환경에서 타르볼이 깨지기 위해서 어느 정도의 에너지가 필요한지, 얼마나 오랫동안 타르볼이 깨지지 않고 해양환경에서 유지될 수 있는지 가늠하기는 쉽지 않다.

타르볼의 끈적끈적한 정도는 온도에 의해 크게 영향을 받는 것으로 알려져 있다. 기온과 바닷물의 온도가 증가할수록 타르볼은 점점 더 끈적끈적한 액체 상태로 변하고, 추운 겨울날에는 표면이 더욱 딱딱하게 고형화된다. 타르볼의 점성에 영향을 미칠 수 있는 또 다른 요인은 물속에 있는 부유입자나 퇴적물의 양이다. 모래 등의 입자가 더 많이 타르볼에 달라붙을수록 타르볼은 깨지기가 더 어려워진다. 이러한 다양한 요인들 때문에 해양환경에서 타르볼의 거동 및 추후 변화양상 등을 예측하는 것이 매우 어렵다.

2.3.3 타르볼의 생물독성 영향

적은 양의 기름에 잠시 동안 접촉하는 것은 - 물론 바람직하지는 않지만 - 대부분의 사람들에게는 심각한 해를 미치지 않는 것으로 알려져 있다. 하지만 어떤 사람들은 기름이나 석유화학 제품에 포함되어 있는 탄화수소류 등의 화학물질에 매우 민감한 반응을 보이는 것으로 알려져 있다. 즉, 매우 짧은 시간 동안의 접촉에도 과민반응을 보이거나 피부발진 등의 증상을 보이기도 한다.

일반적으로 기름과의 접촉은 피해야 하지만, 만약에 기름이 피부에 묻었을 때는 비누와 물로 깨끗이 씻어 내거나 베이비오일, 기름용 손세정제 등으로 닦아 내야 한다. 하지만 이때 유기용매(솔벤트), 휘발유, 등유, 경유 등을 사용하게 되면 기름은 쉽게 지워낼 수 있으나 이로 인해 기름이나 타르볼에 의한 피해보다 훨씬 더 큰 피해를 입을 수도 있다. 또한 바다에 떠다니거나 해변에 밀려온 타르볼은 바다거북, 바다새처럼 해변에서 이동하거나 서식하는 동물에 직접적인 피해를 입히거나, 타르볼을 먹이로 오인하고 삼켜버린 물고기 등 바다 생물에 영향을 미치기도 하지만 원유 자체만큼 환경에 위협적이지는 않은 것으로 알려져 있다.

오염된 해변에서 타르볼을 마법처럼 사라지게 하거나 제거할 수 있는 획기적인 방법은 아직까지는 없다. 타르볼이 해변에 밀려오게 되면 일일이 손으로 줍거나 도구를 이용하여 기계적으로 걷어내야만 한다. 타르볼의 유입이 심각할 경우에는 표층 모래를 걷어내어 제거하고 깨끗한 모래로 교체하기도 한다.

2.4 가라앉은 기름: 침강유

유류오염 사고 발생 시 대부분의 방제전략 및 방제장비들은 기름이 사고해역에서 뜬다는 가정을 전제로 한다. 그러나 모든 기름이 뜨는 것은 아니고, 일부 기름의 경우 조건에 따라서 수층에 머물기도 하고 바닥에 가라앉기도 한다. 초기 연구자들이 침강유에 대해서 '뜨지 않은 기름(nonfloating oil)'으로 명명하여 용어에 혼선이 빚어진 바 있다. 그래서 최근에는 이러한 혼선을 피하기 위해 침강유(submerged oil)로 표기하며, 이는 표층 혹은 표층 부근에서 부유하지 않는 기름을 가리킨다. 즉 침강유는 파도, 조석 등에 의해 일시적으로 해안에서 조하대 해역으로 이송되어 가라앉은 기름인 일명, 씻겨나온 기름(overwashed oil)과는 명확히 구별되어야 한다.

기름은 주변 수체에 비해 밀도가 높을 때 가라앉게 된다. 해양환경의 경우 염분이 중요한 변수로 작용하며, 30‰ 이상의 염분에서는 기름의 밀도가 1.02 이상이 되어도 뜨게 된다(그림 2-5).

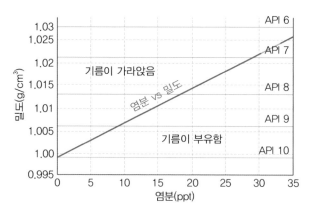

그림 2-5 염분과 기름의 밀도, API지수와의 상관성을 보여주는 다이어그램. 염분 대 밀도 그래프 위에 위치한 기름은 주변 해수보다 무거워서 가라앉게 되며, 아래에 위치한 기름은 반대로 뜨게 됨

해수의 유동 또한 침강유의 거동을 결정하는 데 중요한 변수로 작용한다. 해수의 유동이 빠른 지역에서는 상대적으로 수층에 오랫동안 부유하게 되며, 장거리로 이송되게 된다. 그러나 해수의 유동이 미약한 지역의

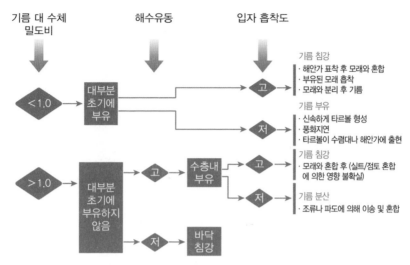

그림 2-6 유출유의 외부환경 조건에 따른 거동변화, 기름의 밀도, 해수유동 그리고 입자 흡착도에 따라 기름의 해양환경 내 거동이 변화됨

경우 다른 조건이 동일하더라도 가라앉는 기름의 비율이 높게 된다. 이를 정리하면, 부유하는 기름은 두 가지 과정에 의해 주변 수체에 비해 밀도가 높아진다.

1) 해안가에 표착, 퇴적물 부착 후 침식되어 해양으로 재유입
2) 수층에 부유하는 입자들과 흡착하여 밀도증가로 침강

그러나 이러한 경우들도 기름 자체는 밀도가 수체보다 낮으므로, 상황이 바뀌어 입자와 분리되게 되면 다시 표층으로 부유하게 된다. 그림 2-6과 같이 위에서 논의된 기름의 물리적 특성 및 환경변수에 따른 사고유의 환경 내 거동을 요약할 수 있다.

허베이스피리트호 사고 또한 초기부터 가라앉은 기름에 대해 다양한 의견이 제시되었으며, 언론을 통해 확대 재생산되었다. 사고초기의 오일볼에서부터, 사고지역 어민들에 의한 침강유류 발견 보고까지 단순 예측부터

실증적인 자료를 바탕으로 한 실제적인 우려까지 다양한 의견이 관계기관에 접수되었다. 그러나 허베이스피리트호 사고로 유출된 세 가지 종류의 원유는 밀도가 0.85~0.87 범위로 다른 사고사례와 마찬가지로 초기에 다른 환경적인 요인의 영향이 없으면 가라앉지 않는 기름이다.

사고 초기부터 사고해역 침강유의 존재 유무 및 분포특성에 대해 폭넓게 조사를 진행했다. 사고초기에는 연구선을 이용한 외해역 조사를 통해 광범위한 해역의 침강유 조사를 실시했으며, 이후 오염이 우려되는 지역을 중심으로 다이빙 조사, 비디오 촬영, 주상시료 채취, 그리고 퇴적물 양수조사를 실시했다. 이러한 조사를 통해 가라앉은 기름이 주로 유류오염이 심각한 조간대 인근 조하대 지역에 분포하는 것을 확인했다. 그리고

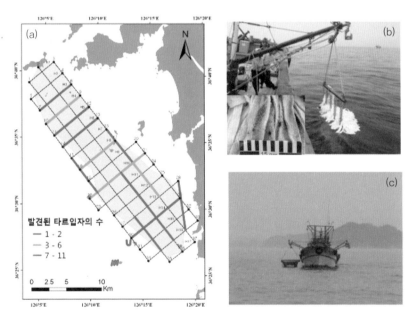

그림 2-7 허베이스피리트호 가라앉은 기름 조사를 위한 민관합동조사(2009년 6월). (a) 조사지역인 태안군 남면과 안면도 해상에서 격자형태로 조사가 진행됨. 기름흡착예인기구에 흡착된 타르의 수로 오염도 표시. (b) 기름흡착예인기구와 흡착포에 발견된 타르. (c) 가라앉은 기름을 부유시키기 위해 사용된 형망어선(사진: KIOST)

2008년 4월과 2009년 6월 민관합동조사를 통해 가라앉은 기름조사를 실시한 바 있다. 2009년 6월에 실시된 2차 민관합동조사에서는 기존 조사결과를 바탕으로 조사지역을 선정하고, 기름흡착예인기구법과 형망을 이용하여 광범위한 지역에 대한 조사를 진행했다. 조사결과 국지적으로 1cm 미만의 타르가 발견되어 가라앉은 기름에 의한 오염은 대부분 조간 대에서 모래와 흡착되어 씻겨져 나온 형태의 기름인 것으로 확인되었다 (그림 2-7).

유출유의 생물독성

3.1 유류의 독성성분과 생물 영향

유류는 다양한 특성을 가진 수천 종의 탄화수소 집합체로서 현재까지 일부 물질에 대해서만 독성이 밝혀져 있다. 유류에 포함된 탄화수소 화합물은 생물체의 유기물에서 기원한 것으로 사람들이 합성한 유기독성 물질(예: 살충제)에 비해서는 낮은 독성을 보이는 것이 일반적이다. 하지만 유류에 포함된 PAHs는 발암성 또는 돌연변이성 물질로서 낮은 농도에서도 생물에게 독성을 나타낸다(그림 3-1). PAHs는 두 개 이상의 벤젠고리를 갖고 있다는 구조적인 공통점이 있으며, 벤젠 고리의 개수와 고리가 배열되는 모양 등에 따라 약 200여 종 이상이 알려져 있다. 다른 탄화수소 계열도 노출량에 따라 다양한 형태의 독성을 유발할 수 있다. 원유의 산지, 원유의 정제 수준에 따라 독성물질의 조성이 차이를 보이며, 생물에 대한 독성 영향도 다르게 나타난다. 유류의 유출 이후의 자연 풍화에 의한 유출유의 물리화학적 특성 변화도 생물독성에 영향을 미친다.

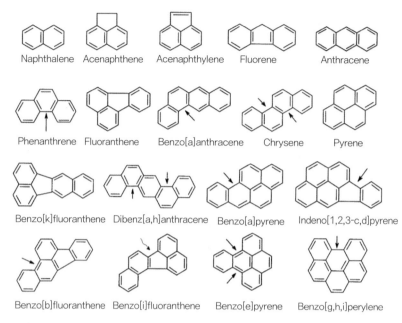

Naphthalene Acenaphthene Acenaphthylene Fluorene Anthracene

Phenanthrene Fluoranthene Benzo[a]anthracene Chrysene Pyrene

Benzo[k]fluoranthene Dibenz[a,h]anthracene Benzo[a]pyrene Indeno[1,2,3-c,d]pyrene

Benzo[b]fluoranthene Benzo[i]fluoranthene Benzo[e]pyrene Benzo[g,h,i]perylene

그림 3-1 생태독성이 알려진 대표적인 PAHs의 분자구조. 화살표로 표시된 구역이 발암 독성을 일으키는 것으로 알려짐

어떤 물질이 생물에 미치는 영향은 물질의 독성수준과 노출 양에 따라 다르게 나타난다. 독성영향은 생물종의 해당 물질에 대한 민감도에 따라 반응의 정도가 증폭 또는 상쇄될 수 있으므로 여기서 제시된 농도는 가장 평균적인 민감도를 가진 생물을 기준으로 한 것이다(표 3-1). 석유계 탄화수소의 농도가 0.01ppm(백만분의 일) 이상에 노출된 생물은 이동 및 습성 등에 이상 현상을 보일 수 있다. 석유계 탄화수소의 농도가 0.1ppm에 노출된 생물은 생리 화학적 대사과정에 영향을 받게 되어 특이적인 유전자나 효소학적 대사과정이 교란될 수 있으며, 1ppm 이상의 농도에 노출된 치어 또는 유생들은 급성 사망에 이를 수 있다. 대상 생물이 얼마 동안 어떤 수준의 농도에 지속적으로 노출되느냐에 따라 생물 영향의

정도는 달라질 수 있지만, 생명에 지장이 없는 농도에서도 이러한 영향이 오래 지속되면 면역체계에 이상 현상을 초래할 뿐 아니라 최종적으로는 특정 개체군의 감소로 이어질 수 있다.

표 3-1 석유계 탄화수소 노출수준에 따른 생물영향

노출농도(mg/L; ppm)	생물영향
0.001	미각 또는 후각에 큰 영향 없음
0.01	미각과 후각에 영향을 미치며, 생물의 습성(귀소본능 등)이 영향을 받음
0.1	생물의 모든 전반적인 대사과정(호흡, 생식, 소화 등)이 제어받을 뿐 아니라 암 유발, 기형 발생
1	치어 및 유생 등이 사망
> 10	성체가 사망

3.2 생물에 따른 영향

유류에 노출된 생물 분류군, 생물종, 각 생물의 생활사 단계(예: 유생과 성체), 생리와 생태적 특성 등에 따라서도 독성영향의 범위와 정도가 다르게 나타난다. 또한 생물에 대한 모든 독성영향을 한번에 평가할 수 없기 때문에, 실험실 노출 독성시험에서 보고자 하는 독성의 종말점 (toxic endpoint) (예: 치사, 생식독성, 발달독성, 신경독성 등)에 따라 보고되는 독성영향은 다를 수 있다. 현재까지 보고된 PAHs의 주요 해양생물군별 독성영향을 정리하면 표 3-2와 같다. 위에 언급한 바와 같이 모든 독성영향은 독성물질의 노출 농도에 따라 큰 차이를 보인다. 다음에 정리된 독성영향은 실제 유류 유출사고 시 현장에서 노출될 수 있는 수준의 농도부터 그보다 훨씬 높은 농도에 만성(96시간 이상) 노출되었을 때

발생할 수 있는 독성기전을 모두 포함한 내용이다. 독성영향은 실험생물이 사망하는 치사(lethal)와 사망은 하지 않으나 다양한 악영향을 유발하는 아치사(sub-lethal) 수준으로 구분된다. 아치사 영향은 독성 종말점에 따라서 생물군에 따라 매우 다양한 형태로 발생할 수 있다.

표 3-2 생물에 따른 유류 내 PAHs 만성독성 영향

PAHs의 만성독성 영향 생물 개체수준에서의 영향	식물	무척추동물	어류	야생조류
사망	○	○	○	○
생식능력 저하	○	○	○	○
성장 감소	○	○	○	○
면역체계 이상				
내분비기능의 변화			○	○
광합성 비율의 변화	○			
기형발생			○	○
종양발생		○	○	
암발생			○	
행동 이상		○	○	○
혈액 이상		○	○	○
간과 신장의 이상			○	○
저체온증				○
상피조직의 염증				○
호흡과 심장박동수의 변화		○	○	
염류선기능 저하				○
아가미 이상			○	
지느러미 손상			○	

전 세계 실제 대규모 유류 유출사고 해역에서 유출유의 급성 및 만성 노출에 따른 직접적인 영향과 생태계 구조와 기능의 훼손 등에 의한 간접적인 생물영향의 대표적인 사례 일부를 주요 해양생물군별로 제시하면

다음과 같다.

3.2.1 해양포유류

미국 알래스카 해역에서 1989년에 발생한 엑슨발데즈호 원유 유출사고로 유출유의 독성성분에 대한 직접노출 또는 유출유에 오염된 먹이 섭취를 통한 간접노출로 인하여 뇌 손상과 방향감각 상실 등으로 인하여 300여 마리의 물범류가 사망한 예가 알려져 있다. 엑슨발데즈호 사고 이후의 장기간의 모니터링 연구로 사고해역 범고래의 개체군 감소를 밝힌 사례도 있으며, 이는 유출유에 의한 직접적인 사망보다는 유류오염에 따른 먹이망의 붕괴에 의한 간접적인 영향으로 간주되고 있다.

3.2.2 바닷새

바닷새는 해수 표면 또는 수면 아래로 잠수를 통해서 먹이를 취하거나, 해수 표면에서 부유하면서 휴식을 취하는 특성으로 인하여 해수 표면을 덮는 유출유 오염에 가장 취약한 해양동물군이다(그림 3-2). 깃털에 유류가 묻으면 바닷물 배척 기능이 상실되어 저체온증이나, 익사 등을 초래하거나, 행동 제약에 따른 포식활동의 제한으로 사망하기도 한다. 미국 엑슨발데즈호 유류 유출사고 이후 급성으로 사망한 바다새는 2,500,000여 마리에 이르며, 2002년 스페인 프레스티지호 사고 시에는 120,000여 마리가 폐사한 것으로 보고되었다. 엑슨발데즈호 사고 이후 유류오염이 심한 지역에서 오염된 조간대 저서 무척추동물을 먹고사는 흰줄박이오리 등은 사고 이후 9년까지도 유류성분 대사과정에서 유도되는 해독효소가 유의하게 높았으며 성장률도 크게 저하되었다.

그림 3-2 허베이스피리트호 유류 유출사고 시 해안에서 발견된 유출유에 오염된 뿔논병아리
(사진: KIOST)

3.2.3 어류

1978년 프랑스의 아모코카디즈호 유류 유출사고 직후 사고해역에서 3종의 어류가 폐사했으며, 엑슨발데즈호 사고에서는 볼락류가 대량 폐사한 사례가 있다. 볼락 사체의 위 내용물에서 육안으로 다량의 기름방울이 확인되기도 하였으나 사망에 이르게 한 독성기작에 대해서 명확히 규명되지 않았다. 엑슨발데즈호 사고해역은 청어의 산란지였으며, 유류오염은 산란기까지 높은 상태로 유지되었고, 결국 청어 수정란의 90%

이상이 부화하지 못하거나, 부화된 치어들의 대부분이 기형으로 발생되어 결국 폐사하였다. 유류의 독성 성분은 어류 수정란의 발생 시 심장부종, 척추와 꼬리 기형 등을 유발하는 것으로 이후 실험실 독성시험에서 확인되었다(그림 3-3). 또한 인근 연안에 서식하는 다양한 저서어류의 해독 효소계 활성을 모니터링한 결과 사고 이후 10년이 경과한 이후까지도 비정상적으로 높게 나타났으며 이들의 담즙대사 물질에서는 유류에서 유래한 PAHs의 농도가 높게 검출되었다. 고농도의 PAHs로 오염된 일부 해역에 서식하는 가자미류 등에서는 높은 간 종양 발병 빈도가 관찰되었고 성 성숙이 느려지고 성장도 감소하였다.

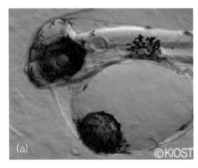 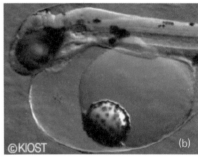

그림 3-3 허베이스피리트호 유출유에 노출된 점농어 발생 독성. (a) 점농어 유생(정상개체), (b) 풍화된 기름에 노출된 점농어 유생(*심장부종) (사진: KIOST)

3.2.4 무척추동물

조간대에 서식하는 무척추동물의 경우 유류가 표면을 덮어 질식사하거나, 행동 및 먹이섭식 등의 장애로 폐사하게 된다. 고농도의 유류에 노출되었을 때 산란이 지연되거나 성장률이 감소되기도 한다. 특히, 패류(예: 굴, 고둥)는 갑각류(예: 새우, 게)나 기타 척추동물(예: 어류)에 비해 유류 분해 능력이 낮아 상대적으로 많은 유류성분을 체내에 축적한다. 유류가 대량 표착한 조간대에 서식하는 생물은 해안방제 과정에서의 2차적인 영향으로 폐사하기도 한다.

3.3 유류의 어류 발생독성

미국 엑슨발데즈호 유류 유출사고 발생 25년 후까지 사고해역에 서식하는 청어와 연어의 개체수가 이전 수준으로 회복되지 못하였다. 미국 정부와 학계는 다양한 현장과 실험실 연구를 통해 청어와 연어의 산란장이 유출유로 인하여 오염된 사실과 저농도의 유류오염에 대한 노출에도 불구하고 형태학적 발생독성을 심각하게 유발시켜 건강한 자어로 성장하지 못한다는 사실을 밝혀냈다. 이는 해양 유류 유출사고에 의한 생물과 개체군 동태에 관한 중요한 중장기적 영향을 입증한 중요한 연구사례로 유류의 어류 발생독성 영향을 좀 더 자세히 설명하고자 한다.

3.3.1 유류 노출에 민감한 생활사

엑슨발데즈호 사고를 기점으로 어류 배아의 생활사는 유류의 노출에 매우 민감하다는 것이 입증되었고, 다양한 실험실 연구를 통해 지금까지 유류 노출로 발생하는 형태기형의 종류인 심장부종, 척추만곡, 꼬리지느러미 기형, 용혈현상 등은 중요한 유류 노출의 발현형(phenotype)의 지표로 활용되고 있다(그림 3-4). 어류 치어에서 형태적으로 기형이 발생하면 먼저 유영에 영향을 받아 이동, 먹이 획득, 포식자 회피 등에 영향을 받아 건강한 성체로 성장할 가능성이 현저하게 낮아진다. 또한 형태 기형은 비가역적 영향으로 다시 회복될 수 없기 때문에 매우 치명적인 것으로 알려져 있다.

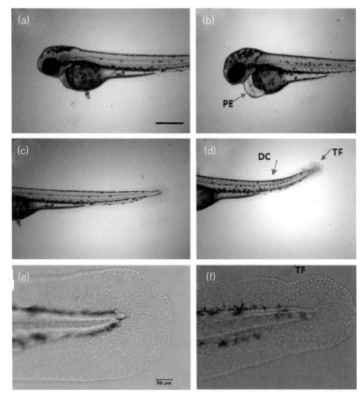

그림 3-4 원유에 노출된 제브라피시(zebra fish: 잉어과에 속하는 경골어류) 배아의 기형발생. (a),(c),(e) 원유 비노출 배아, (b) 심장부종(Pericardium Edema; PE), (d) 척추만곡 (Dorsal Curvature; DC)과 꼬리지느러미 기형(Tail Fin defect; TF), (f) 꼬리지느러미 기형(사진: KIOST 정지현)

허베이스피리트호 유류 유출사고 직후에도 유사한 연구 사례가 보고된 바 있다. 태안군 의항리 일대의 주거종이며, 연안어업 주요 대상종이었던 노래미 어획량의 급격한 감소와 육상 종묘배양장 넙치배아의 대량 폐사가 발생한 바가 있다. 이를 입증하기 위한 실험실 연구에서 허베이 스피리트호 유출 원유 성분에 노출된 노래미와 넙치의 수정란 발생과정에서 유사한 형태기형 발현이 확인된 바 있다.

3.3.2 유류의 어류 발생독성 기작

어류의 심장은 배아 발달과정 중 초기에 생성되고, 형태와 기능이 매우 밀접하게 연결되어 있다. 발달 초기 심장의 형태학적 결함은 곧 기능의 결함을 초래한다. 형태학적으로 영향을 받은 심장(예: 루프 결함과 심근 증식 불량)을 가진 경우 심박동수가 크게 저하되거나 지연되어 부정맥을 일으키거나 혈액 순환기능의 저하 등을 초래할 수 있다. 어류 수정란 또는 치어 체내로 유입된 유류 성분은 세포막 수용체(AhR)를 통해 심장의 흥분수축연관(Excitation-Contraction Coupling)을 조절하는 단백질에 직접 작용한다. 비록 정확한 과정은 밝혀지지 않았지만, 원유 노출은 궁극적으로 K^+와 Ca^{2+} 이온의 세포 내외 이동에 영향을 끼칠 수 있다. 지금까지 원유에 노출된 배아의 형태발생 영향에 대한 기작 규명은 매우 미진한 연구분야 중 하나였으나, 최근 전사체 연구결과를 중심으로 독성 영향의 기작을 규명하기 위한 연구가 꾸준하게 진행되고 있다.

3.3.3 원유의 원산지와 풍화에 따른 독성 차이

우리나라는 연간 약 8억 7천만 배럴의 원유를 수입하는 세계 7위 소비국으로 수입하는 지역도 중동, 아시아, 아프리카, 아메리카에 걸쳐 다양하다. 원산지에 따라 원유의 주요 성분인 알칸이나 PAHs의 조성에 차이를 보인다. 국내에서 진행된 원유 원산지별 어류 발달독성 비교시험

결과 3~4개의 벤젠고리 PAHs 조성이 우세한 호주산 원유에 노출된 어류 배아에서 심장부종이 높게 나타났으며, 벤젠고리 2개인 나프탈렌의 조성이 높은 러시아산 원유에 노출된 배아에서는 꼬리지느러미 기형의 빈도가 높은 특성을 보였다. 원유의 화학적 조성 차이가 어류 배아의 발생 독성에도 다른 영향을 미치는 것을 확인한 사례이다.

해안가에 표착된 유출유는 풍화과정을 거치면서 휘발성 화합물과 수용성화합물은 감소하고, 소수성 화합물의 비가 상대적으로 늘어나는 특징을 보이며 고분자량 PAHs 성분들이 증가한다. 풍화된 원유에 노출된 연어와 제브라피시는 원유에 노출되었을 때보다 치사율이 높았고, 풍화된 원유에 노출된 넙치의 배아도 형태 발생독성이 증가하는 결과를 보인 바 있다. 풍화된 유류의 독성은 감소되지 않고 원유와 유사하거나 특이적인 영향도 유발시킬 수 있다고 확인되었다.

3.4 유류의 유전독성

3.4.1 유류에 의한 DNA 손상

DNA 손상을 일으키는 물질은 중금속부터 유기오염물질에 이르기까지 아주 다양한 것으로 알려져 있다. 이러한 오염물질들은 DNA와 반응하거나 자유라디칼인 활성산소종(Reactive Oxygen Species; ROS)을 생성하여 직접적으로 DNA를 손상시키거나, DNA 회복효소의 생성 저해, 자유라디칼 제거 기능의 방해와 같은 간접적인 기작을 통해 유전독성을 일으키는 것으로 알려져 있다. 원유에는 탄화수소화합물을 비롯한 다양한 휘발성 유기물질(BTEX)과 고농도의 다환방향족 탄화수소화합물을 포함하고 있다. 특히, 원유에 포함된 일부 PAHs의 경우 낮은 농도에서도 발암 및 돌연변이를 일으켜 생물학적 독성을 나타내는 것으로 알려져 있다.

PAHs 화합물의 하나인 벤조피렌(Benzo[a]pyrene; B[a]P)의 경우 생물에 축적되어 산화과정에서 생물 해독효소의 일종인 시토크롬 P450을 유도하고 이 효소에 의해 벤조피렌-7,8-에폭사이드를 형성한다. 에폭사이드가 형성된 후, 미소체 에폭사이드 가수분해효소(microsomal epoxide hydrolase)에 의해 순차적으로 벤조피렌-7,8-디하이드로디올과 오소퀴논-벤조피렌-7,8다이온(BPQ)으로 변화된다. BPQ는 DNA에 결합하여 직접적으로 작용을 하거나, ROS를 형성하며, ROS의 산화력에 의해 DNA가 손상되거나 DNA 가닥을 파괴한다. 또한 PAHs에 노출되면 PAH-DNA 공유결합화합물이 형성되어 DNA 회복을 방해하거나, 생물에 체내 PAHs 축적은 세포의 DNA 손상과 구조의 변형을 일으켜, mRNA 전사를 방해하여 효소활성도를 억제하는 등 많은 장애를 유발한다.

이외에도 PAHs는 인체 DNA-칩 시험에서 면역독성이 확인되었고, 어패류에서의는 유전독성이 확인되었다. 유전독성의 영향으로 장기간 유류에 오염된 해양생물의 경우 생식과 생존율 감소로 인해 개체수가 감소하기도 하였다. 이런 유전독성을 상대적으로 신속하게 스크리닝하는 방법으로 DNA손상평가시험법(일명 comet assay: 손상된 DNA 모습이 혜성을 닮아서 붙여진 이름)이 개발되었다. DNA손상평가시험법은 허베이 스피리트호 유류 유출사고 해역 해수와 퇴적물의 유전독성 영향을 평가하기 위하여 활용되었으며, 유류오염이 장기간 지속된 퇴적물의 추출액에서 DNA 손상을 확인하기도 하였다. 이 방법은 유류오염의 유전독성 평가 이외에도 실제로 미국의 샌디에이고 해변에서는 해양오염을 측정하기 위해 담치류를 대상으로 실시하였으며, 해양퇴적물의 잠재적인 유전독성을 평가하기 위해 북해와 발틱해에서 어류의 세포주를 이용하여 DNA손상평가시험법을 실시하기도 하였다.

DNA손상평가시험법(Comet Assay)

생물검정(bioassay)이란, 화학물질이 살아있는 생물에 어떠한 영향을 나타내는지 알아보기 위한 실험을 말한다. 생물의 DNA 손상이 가지는 중요성으로 인해 오염물질에 노출된 생물시료에서 유전독성을 알아보기 위한 다양한 생물검정법들이 개발되었다. DNA손상평가시험법은 유전독성을 평가하는 생물검정법의 하나로 단일세포 젤 전기영동법을 활용하여 핵을 가진 모든 세포에서 세포주기에 상관없이 DNA 단일가닥 손상을 측정하는 데 있어 간단하고, 빠르며, 민감도가 뛰어나 생물학, 식품학, 의학 및 여러 분야에 적극적으로 활용되고 있다(그림 3-5). 이러한 장점으로 인해 1990년 대부터 해면동물에서부터 극피동물에 이르기까지 다양한 해양무척추동물에서도 적용되고 있다. 유류는 PAHs와 같은 발암성 물질을 주요 독성물질로 함유하고 있어, 유출유로 오염된 환경시료의 유전독성을 평가하는 데 DNA손상평가시험법은 유용하게 활용될 수 있다.

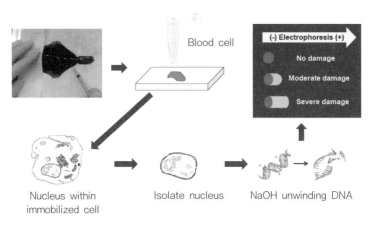

그림 3-5 단일세포 젤 전기영동법을 활용한 DNA손상평가시험법 모식도

3.5 유류 용존성분의 생태독성

잔존 유류의 생태독성평가를 위해 일반적으로 사용되는 유류 용존성분(Water Accomodated Fraction; WAF)의 경우, 해수와 유류를 직접 접촉시켜 제조하기 때문에 소수성 화학물질 외에 중금속 또는 극성 화학물질도 함께 용해될 수 있으며, 에멀젼의 형성으로 물질이 용액에 용해도 수준 이상으로 존재할 수 있다. WAF를 이용한 생태독성평가는 WAF의 제조 방법에 크게 영향을 받기 때문에 실제 생물에 흡수될 수 있는 형태, 즉 수계에 유류 용해성분(Water Soluble Fraction; WSF)의 물질에 대한 평가를 위해서 수동용량법을 이용할 수 있다.

원유는 매우 고농축된 형태의 유기 혼합물이므로, 수동용량법에 많이 사용되는 실리콘 튜브에 주입하여 수계에 노출시키면 실리콘 튜브 내에서 수계로의 수동 확산에 의해 유기 물질이 전달되어 용해도 수준까지 이르게 된다. 이러한 수동용량법을 이용하여 제조한 유류의 WSF와 전통적인 방법을 통해 제조한 WAF의 생태독성평가 결과를 비교하면, 유류에 의한 생태독성은 주로 용해된 물질에 의해 발현되는 것으로 확인되었다(그림 3-6). 또한, WAF의 제조 시 사용되는 유류의 양에 따라 독성이 증가하는데, 이는 실리콘 튜브를 통과할 수 없는 중금속 또는 극성화학물질, 그리고 해수와 유류의 직접 접촉으로 인해 형성된 에멀젼에 의한 영향이라고 예상된다.

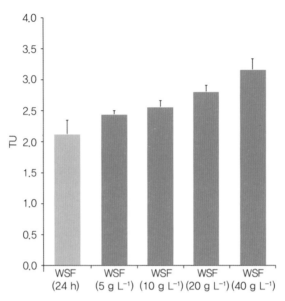

그림 3-6 수동용량법으로 제조한 유류 용해성분(WSF)과 유류 농도별 유류 용존성분(WAF)의 생태독성 비교평가 결과

BOX 3-2 유류 용해성분 수동용량 추출법

수계에서 유출유와 같이 소수성 오염물질의 독성평가는 이들 물질의 낮은 수용해도, 표면으로의 수착, 휘발 등의 과정을 통해 용액 내의 자유농도가 크게 변하기 때문에 어려움이 있다. 최근에 소수성 유기오염물질의 독성평가에 많이 활용되고 있는 수동용량법은 시험계 내에서의 자유농도를 조절함으로써 이런 어려움을 해결해 줄 수 있다. 수동용량법은 오염물질을 우선 오염물질에 대한 강한 수착능을 갖는 (고분자)매질에 흡수시킨 후 이로부터 시험계로 오염물질이 수동확산에 의해 전달되게 하는 방법이다 (그림 3-7). 이 방법은 미리 과량의 오염물질을 실리콘과 같은 고분자매질에 저장해 놓음으로써 흡착이나 증발 같은 손실에 따른 농도 변화를 최소화할 수 있고 분배현 상을 통해 시험계에서의 자유농도를 일정하게 유지시켜 줄 수 있다. 또한 과포화와 같은 실험적 오류를 배제할 수 있으며, 공용매(co-solvent)를 사용하지 않기 때문에 공용매에 의한 계의 영향을 무시할 수 있는 장점이 있다. 또한 수동용량법은 기저독성

물질의 이론적 독성한계를 평가하는 데에 사용될 수 있으며, 유류와 같은 혼합물의 독성영향을 평가하는 데에도 활용될 수 있다. 유류의 경우 유류와 해수를 일정 비율로 혼합한 후 일정 기간 진탕하여 해수로 용존되는 성분의 독성을 평가하는 방법을 오랜기간 활용하였으나, 수동용량법으로 추출한 유류 용해성분이 실질적으로 유류에서 수계로 용존되고 생물체로 흡수되는 주요 성분으로 좀더 실제 상황을 반영하는 평가법으로 인식되고 있다. 특히, 수동용량법은 화학물질의 노출평가와 영향평가를 결합할 수 있다는 아이디어의 참신성으로 인해 큰 주목을 받고 있다.

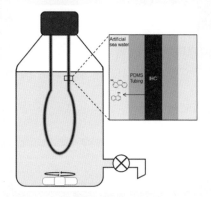

그림 3-7 수동용량법을 이용한 원유의 WSF 제조 방법

3.6 유류의 독성예측

3.6.1 생태독성모형

3.6.1.1 유류 내 독성성분 PAHs의 특징

일반적으로 유류와 같은 화학물질 혼합물의 독성을 예측하기 위해서는 개별 구성성분의 독성과 현장에서의 농도를 알아야 한다. 개별 구성성분에 대한 민감도가 생물마다 다르기 때문에, 각각의 구성성분이 다양한

생물에게 미치는 독성영향이 밝혀져 있어야 한다. 유출유에 포함된 성분 중 생물에 대한 독성영향이 가장 큰 물질군은 PAHs로, 유출유의 독성을 평가하기 위해서는 PAHs의 독성을 파악할 필요가 있다. PAHs는 두 개 이상의 벤젠고리를 갖고 있다는 구조적인 공통점이 있으며, 화학물질 노출에 따른 혼수상태(narcosis)라고 하는 공통적인 독성기작을 나타내고, 이는 물질의 화학적 특성과 매우 밀접한 연관성이 있다. 이러한 연관성을 이용하여 PAHs의 독성을 설명하는 모형의 설정이 가능하다. 독성예측모형은 생물종마다 만들어질 수 있으며, 생태계의 주요 구성원을 대상으로 독성예측모형을 확립하면 PAHs의 화학적 특성으로부터 생태독성을 예측할 수 있게 된다. 확립된 모형과 현장에서 측정된 농도 자료를 함께 이용하면 유출 해역에서 잔존 유류의 독성을 예측할 수 있다.

3.6.1.2 PAHs 생태독성 예측모형 개발

PAHs는 물에 녹은 상태에서 생물과 접촉하고, 생물 체내로 흡수되면 지방에 녹아 들어가서 생물축적이 일어나며, 축적된 농도가 생물이 견딜 수 있는 한계 이상이 되면 독성으로 발현된다. 체내 지방에 잘 녹는 물질일수록 독성이 높고, 물과 같은 극성 용매보다는 지방과 비슷한 특성을 갖는 비극성 용매에 얼마나 잘 녹는지 여부에 의해 독성이 결정될 수 있다. 이러한 특성을 잘 나타내는 PAHs의 지표가 옥탄올-물 분배계수(Octanol Water Partitioning Coefficient; K_{ow})이다. PAHs의 용해도, 생물축적 및 생물에게 미치는 영향 간의 관계를 설명하는 대표적인 모형이 대상생물지질모형(Target Lipid Model; TLM)이다. TLM 모형은 $\log(LC_{50})$ = a × $\log(K_{ow})$ + b의 간단한 선형 함수로 표현된다. 여기서 기울기 a값은 생물 종류에 상관없이 0.936으로 일정하며, 절편인 b값이 생물의 민감도에 따라 달라진다.

다양한 생물종을 대상으로 TLM 모형식을 개발하기 위하여, 실험실에서 실험이 비교적 쉬운 물질 5~10개를 대상으로 개별 물질별 독성 시험을 실시하여 농도-반응 관계를 확립하였다(그림 3-8). 이로부터 반수 치사 농도(LC_{50}) 또는 반수 영향 농도(EC_{50})를 산출하였고, 물질별 독성 농도와 K_{ow}값 사이에 어떠한 관계가 있는지 확인해 보았다. 국내 해양의 주요 분류군(단각류, 이매패류, 곤쟁이류, 따개비류, 성게류, 어류, 복족류, 요각류)을 대표하는 생물을 대상으로 생물검정시험과 분석을 실시한 결과, 상기 인자들 사이에 아주 밀접한 상관관계가 있음을 확인할 수 있었고, 도출된 결과를 활용하여 생물종별 생태독성 예측모형 함수를 구할 수 있다(그림 3-9).

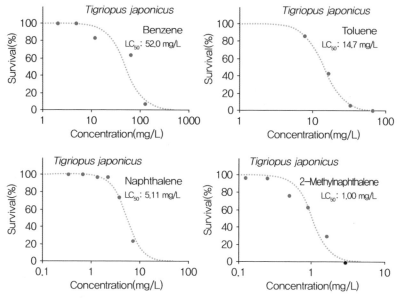

그림 3-8 유류에 포함되어 있는 대표적인 독성 물질에 대한 생물의 농도-반응관계 예시(요각류)

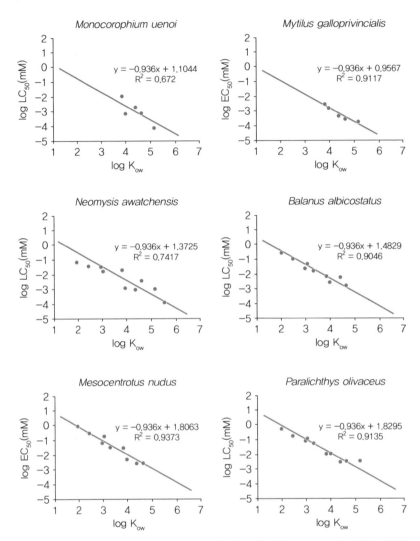

그림 3-9 국내 해양 주요 분류군(그래프 상단에 학명 표시)에서 PAHs K_{ow} 값과 독성 사이의 상관관계모형(계속)

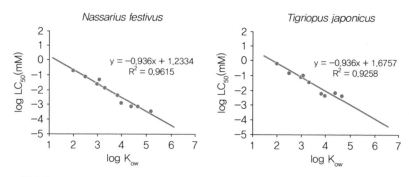

그림 3-9 국내 해양 주요 분류군(그래프 상단에 학명 표시)에서 PAHs K_{ow} 값과 독성 사이의 상관관계모형

3.6.1.3 생태독성 모형의 검증

모형의 예측력을 검증하기 위해서는 화학분석 자료와 더불어 생태독성 시험자료가 필요하다. 허베이스피리트호 유류 유출사고 해역 주변의 유류오염 퇴적물을 대상으로 수행한 단각류 생태 독성 모니터링 결과를 활용하여 개발된 모형을 검증하였다. 모형식으로부터 개별 물질의 LC_{50}값을 예측하였고, 여기에 물과 유기탄소 사이의 평형 분배 계수(K_{OC})를 적용하여 퇴적물에서의 농도로 환산한 다음, 현장에서 측정된 농도와 이 값과의 비(Toxic Unit; TU)를 개별물질별로 산출한 후 이를 합산하였다(Sum of TU; ΣTU). ΣTU는 다양한 독성물질이 혼합되어 있는 환경 시료가 갖고 있는 총체적인 독성이 얼마나 되는지를 정량적으로 나타내는 값이며, 이 값이 1이라는 말은 생물에게 50% 영향을 미친다는 것을 의미한다.

2008~2012년 생태독성 모니터링 결과를 독성과 무독성 자료로 구분하였을 때, ΣTU값 1을 기준으로 무독성 시료와 독성 시료가 어느 정도 구분이 되었고(그림 3-10), 전체 자료에서 산출된 모형의 예측력은 약 78% 정도인 것으로 확인되었다. ΣTU가 1 미만인데 독성이 나타난 경우는

화학분석에 포함되지 않은 물질이 독성을 나타내었을 가능성이 있음을 의미하고, 반대로 ΣTU가 1을 초과했음에도 독성이 나타나지 않은 경우는 퇴적물 내 오염물질의 생물이용도가 낮았을 가능성이 있음을 의미한다. 현재로서는 단각류의 모형에 대한 검증만이 가능하지만, 향후 유류오염이 발생하였을 경우, 현장시료를 이용한 생태독성 모니터링이 다양한 생물을 대상으로 이루어진다면, 다른 생물에 대한 생태독성예측 모형의 검증 또한 가능할 것이다.

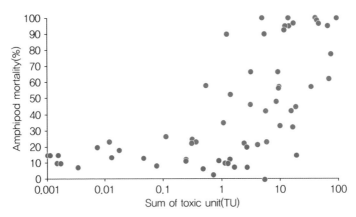

그림 3-10 현장 시료의 잔류 유류의 농도에 기반하여 모형을 통해 예측된 생태독성값(sum of TU)과 현장 시료의 실제 단각류 치사율 생태독성 평가 결과 비교(파란색: 무독성 시료, 붉은 색: 독성 시료)

3.6.2 유류독성예측: 혼합독성모델

3.6.2.1 소수성 물질의 기저독성

유류는 많은 종류의 소수성 탄화수소가 주 구성성분으로 이루어진 혼합물로, 이들은 주로 생물 내에서 세포막을 이루는 지질이중막 혹은 지방질을 많이 함유한 조직에 저장된다. 소수성화학물질이 지질이중막에 위치하게 되면 신호전달, 물질이동, 에너지 생성 등과 같은 생명을 유지하는 데 필수적인 생물막의 기능저해를 가져올 수 있다. 이런 독성기작은 생태독성에서 가장 기본적인 것으로 기저독성(baseline toxicity)이라

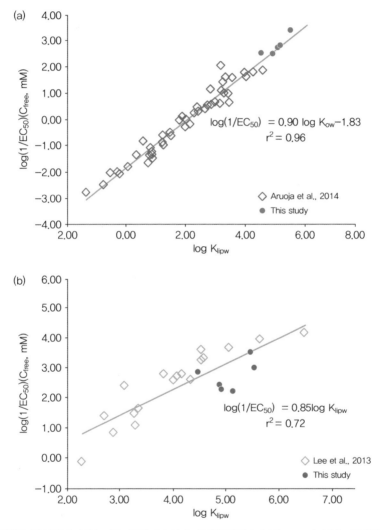

그림 3-11 방향족 탄화수소를 비롯한 소수성 유기화학물질의 소수성(log k_{lipw})과 (a) 조류성장저해시험 및 (b) 발광박테리아의 발광저해시험에서의 독성값(log($1/EC_{50}$))과의 관계

부른다. 기저독성의 정도는 화학물질의 종류와 무관하게 물질의 내부농도에 따라 결정되는 것으로 생각되므로, 화학물질의 생물축적계수가 클수록, 기저독성은 낮은 환경농도에서 야기될 수 있다. 또한 화학물질의 노출농도를 내부농도로 표준화하면, 기저독성이 야기되는 농도는 거의 일정한 범위를 가질 것으로 생각되기 때문에 생물농축의 예측은 기저독성의 예측과 밀접한 관련을 가진다. 해양 박테리아의 발광 저해, 조류의 성장저해, 어류 급성 독성 시험 등 대표적인 단기 독성 시험에서 유류오염의 주 독성인자로 알려진 방향족 탄화수소가 기저독성을 나타낸다고 연구되어 왔으며, 물질의 소수성을 나타내는 $\log K_{ow}$(옥탄올-물 분배계수) 또는 $\log K_{lipw}$(지질-물 분배계수)와 독성($\log(1/EC_{50})$) 사이의 선형관계를 나타내었다(그림 3-11). 따라서 지금까지 연구된 물질의 소수성과 기저독성 사이의 선형관계식을 이용하여 물질의 독성 예측이 가능하다.

3.6.2.2 유기오염물질의 혼합독성

유류는 수많은 물질들로 이루어진 혼합물이므로, 해양환경에서의 유류오염에 의한 생태영향을 평가하기 위해서는 개별 물질에 의한 영향보다는 원유를 구성하고 있는 혼합물에 의한 영향을 평가하는 것에 대한 중요성이 높아지고 있다. 잔존유를 이용한 유류 용존성분(WAF)을 제조하여 이에 대한 독성평가가 진행되어 왔다. 유기 오염물질로 이루어진 혼합물의 독성은 구성물질들 사이의 상호작용 혹은 간섭에 따라 달라진다. 서로 상호작용 및 간섭이 없는 경우, 혼합물의 독성은 구성물질의 독성을 모두 더한 것과 같으며 이를 가산모형(additive model)이라 한다. 구성물질 간의 상호작용 및 간섭이 있는 경우, 가산모형에서 예측한 독성 값보다 실제 독성이 더 크게 발현되면 상승모형(synergistic model)을 따르며, 반대로 더 적게 발현되면 감쇄모형(antagonistic model)을 따른다. 유류에 의한 독성의 대부분을 설명한다고 알려진 방향족탄화수소의 경우, 단기 독성에 대해서 구성물질 사이의 상호작용 및 간섭이 없으며, 모두 동일한 독성 기작을 가져 구성물질의 합산 농도에서의 독성으로 혼합물의 독성 예측이 가능한 농도가산모형(concentration addition model)을 따른다고 알려져 있다.

3.6.2.3 잔존유류의 독성예측을 위한 혼합독성모델

잔존 유류오염 물질의 생태위해성을 정성·정량적으로 평가하기 위해 유류를 구성하는 개별 물질의 물성 및 단기 독성 값을 이용하여 혼합 독성 모형을 개발하였다. 원유를 구성하는 개별 성분의 조성 및 물성을 이용하여 해수에서의 농도를 이론적 모델을 통하여 예측하고 예측된 농도를 유류 용존성분(WAF)과 용해성분(WSF)의 화학분석을 통해 측정된 각 개별 물질의 농도와 비교하였다. 그 결과 매우 유사한 수준으로 원유 구성물질의 해수에서의 농도를 이론적 모델을 통해 예측할 수 있는 것으로 확인되었다(그림 3-12).

또한 유류를 구성하는 개별 성분의 생태독성영향을 해양 발광박테리아(*Aliivibrio fischeri*)의 발광저해를 종말점으로 삼아 확인하고, 이를 이용하여 혼합물에 의한 독성영향을 예측하는 혼합독성예측 모형을 개발하였다. 여기에서 독성 자료가 없는 물질의 경우, 기저독성모델을 이용하여 독성 값을 예측하였다. 이를 통해 유류 혼합물 가운데, 화학분석을 통해 확인된 성분들의 독성기여도를 정량적으로 평가하였다. 화학분석을 통해 확인된 성분들의 독성 예측 값은 용해된 상태의 유류(WSF)에 의한

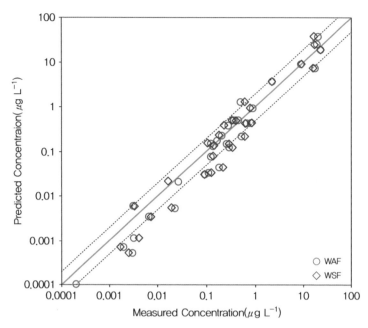

그림 3-12 유류 구성물질의 WAF와 WSF에서 측정된 농도와 이론적 모델을 통해 예측된 농도의 비교

독성의 70% 이상을 설명하는 것으로 확인되었다(그림 3-13). 각 성분의 독성 기여도는 BTEX가 76.4%, 16종 PAHs 2%, 그리고 알킬 PAHs가 21.3%로 나타났다. 비록, 기저독성모델을 기반으로 한 혼합독성모델은 WAF에 존재하는 중금속 및 극성 오염물질, 그리고 에멀젼에 의한 영향을 고려하지 않으나, 40g/L의 농도로 제조한 WAF의 독성을 50% 이상 설명할 수 있었다. 이는 잔존유류에 의한 단기 생태독성이 주로 분석/확인된 방향족탄화수소에 의해 나타나며, 따라서 유류 구성물질의 조성 및 물성을 통해 생태독성을 예측할 수 있음을 보여준다.

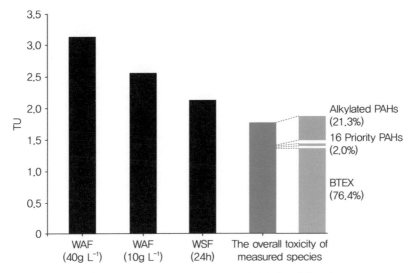

그림 3-13 유류의 전체 독성에 대한 분석된 화학물질의 독성.
화학물질의 독성은 혼합독성모델을 통해 예측가능

유출유 방제

    해상에서 선박 유류유출은 다양한 사고로 인해 발생한다. 대표적으로 선박 침몰, 충돌, 좌초, 전복, 기름 공·수급 작업 중 기름유출사고가 발생할 수 있으며, 사고의 형태별로 초동조치가 달라진다. 사고 직후 사고해역의 지역방제실행계획에 따라 해상방제와 해안 표착유에 대한 해안방제가 실시된다. 방제의 신속성, 효율성 등에 따라 유출유의 공간적 범위, 시간적 지속성 등이 결정되며, 이는 결과적으로 해양생태계에 미치는 영향을 좌우한다. 해양오염영향조사의 계획과 실행은 방제당국의 해상방제와 해안방제 상황을 반영해야 하며, 이에 따라 초기 긴급오염영향조사와 장기 모니터링으로 구분되어 진행될 필요가 있다.

    본 장에서는 일반적으로 진행되는 해상방제와 해안방제에 대해 간략히 설명하고, 각각의 방제에서 논란이 많은 유처리제 사용과 생물정화제에 대해 소개하고자 한다. 상세한 방제기법에 대해서는 해양경찰청, ITOPF 등의 기술문서를 참조하기 바란다.

4.1 해상방제

4.1.1 초동조치

사고별로 초기에 확인해야 할 정보와 초동조치가 다르지만 대규모 유출이 발생할 수 있는 선박충돌과 선박좌초를 중심으로 주요 내용을 소개한다. 먼저, 초기 확인이 필요한 정보는 선박 제원, 화물·연료유 및 적재량, 손상 위치 및 파공 크기 등의 정보가 있으며, 공통적으로 필요한 초동조치는 아래와 같다. 사고 직후 최우선적으로 파공부 봉쇄, 적재유 이적 등의 조치를 통해 추가 기름유출을 방지한다. 이와 동시에 오일펜스를 이용해서 사고 선박 주위를 포위해서 유출유의 확산을 방지하고 유회수기를 동원해서 유출유를 회수하게 된다.

4.1.2 방제전략 수립

초동방제 이후 해상 유출유를 대상으로 효율적인 방제조치를 위해서는

표 4-1 해상 유출사고 발생 시 초동조치

항목	조치 내용
적재유 이적	• 파공탱크 기름을 사고선 내 타 탱크로 이송 • 인근 유조선 및 바지선 동원 이적 조치
파공부 봉쇄	• 파공봉쇄 장치 등으로 봉쇄(해경특구대, 민간) • 철판으로 용접 또는 볼트로 고정(민간구난업체)
확산 방지	• 인근지역 기관, 단, 업체 보유 오일펜스 우선 활용 • 해경 및 방제조합 오일펜스 추가 동원 • 사고선 주위에 오일펜스를 2~3중으로 포위전장 • 해·조류를 따라 확산되는 유출유는 오일펜스로 포집
유출유 회수	• 해경, 방제조합 보유 방제선 및 유화수기 동원 • 사고선 주위 오일펜스 내 이동용 유화수기 집중투입 및 유화수(방제바지선을 사고선 현측에 계류) • 외해로 확산된 기름은 오일펜스와 연계한 유화수시스템 운용(VOSS, U형, V형, J형 유화수시스템 활용)

사고규모와 위험성을 평가하여 방제 우선순위와 유효한 방제방법 결정이
선행되어야 한다. 방제전략 결정을 위한 핵심 고려 사항은 기름의 종류,
해상 상태, 해수 유동, 사고 장소, 기름의 풍화도 등이다. 휘발성 기름의
경우 화재, 폭발방지 등에 주력하고 경유는 증발속도가 빠르므로 해안
부착 우려될 경우에 방제를 실시한다. 점도가 높은 벙커-B, C, 원유 등은
연안, 외해 구분 없이 적극적인 방제조치가 필요하며, 사고 초기 분산가능

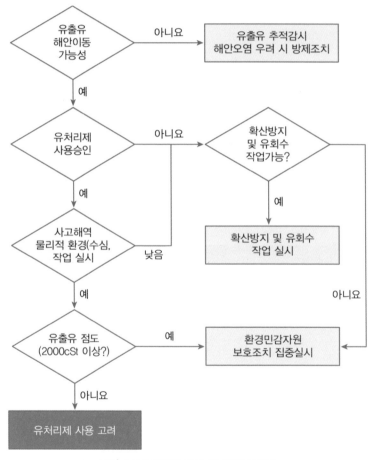

그림 4-1 방제전략 결정 의사결정 흐름도

표 4-2 현장 상황별 방제전략 결정 핵심 고려 사항

현장 상황		방제 조치 핵심 고려 사항
기름 점도	높음	• 오일펜스로 포집 후 기계적 유화수 작업 또는 해안 부착유 수거작업 • 유처리제, 유흡착제 효율성 낮음
	낮음	• 물리적 회수작업 우선 검토하되 해안 부착 우려 시 유처리제 사용 적극 검토
해상 상태	거침	• 오일펜스, 유회수기, 유흡착제 사용이 제한되므로 유처리제 사용 적극 검토
	잔잔함	• 사고규모에 상응하는 방제세력 최대한 동원 물리적 회수 및 수거작업 적극 시행
해수 유동	빠름	• 오일펜스로 포집과 동시에 회수하는 시스템 운용 • 유흡착제는 수거가 어려우므로 사용 억제
	느림	• 오일펜스 다중설치와 회수작업 적극 시행 • 유처리제 사용 시 분산된 기름이 장시간 체류하므로 수심이 낮은 경우 사용 금지
장소	연안	• 물리적 회수 우선의 적극적인 방제 조치
	외해	• 해안 부착 우려 시 적극적 방제 장치

시간대(Windows of Opportunity)일 경우 유처리제 살포를 검토할 수 있다. 이와 함께 물리적 회수 및 해안 부착유 수거 중심의 방제 작업을 실시한다.

4.2 해안방제

4.2.1 해안오염평가 및 방제기법

해안 표착유 방제작업 전에 우선 해안오염평가를 통해 유종과 유량, 오염된 지리적 범위, 영향을 미친 해안의 길이와 특징을 아는 것이 필요하다. 대체로 해안에서는 기름이 일정하게 덮이는 일은 드물기 때문에 해안 부착유의 양을 정확히 추정하는 것은 매우 어렵다. 전반적인 오염의 정도는 먼저 해당지역의 항공감시를 통해 눈으로 평가할 수 있다. 기름의

표 4-3 해안특성 및 오염수준별 방제방법

방제 방법	설명 및 적용지역
자연적 정화	• 아무 행위를 하지 않는 방법으로 환경적 영향 최소화 - 자연적 정화가 빠른 곳, 접근 위험 지역, 기술적용에 따른 악영향이 큰 곳
수작업에 의한 제거	• 수작업(손, 갈퀴, 삽 등)으로 표면 기름과 기름 잔해를 제거하고 저장용기에 담고, 기계적 장비는 사용되지 않음 - 모든 해안 유형에 적용 가능하며, 환경 영향 최소임
기계적 제거	• 굴삭기, 불도저 등 중장비를 이용하여 굴착하고 퇴적물이 세척 컨테이너로 옮겨짐 • 세척 장비는 뜨거운 물 세척 또는 물리적으로 휘저어 섞으면서 세척하고 세척된 퇴적물은 원위치시킴 - 과도한 퇴적물 제거 가능성이 있고 환경 민감 지역에서는 비추천 - 모래부터 자갈 크기의 해안에 적용 가능함
흡착제를 이용한 제거	• 친유성 재질로 만든 다양한 형태의 흡유제를 수면 및 해안선에 설치하여 제거 • 파도와 조류에 의해 부유하는 유출유를 흡착함 - 모든 해안에 적용 가능하고, 특히 사석해안과 조간대 해안에 적용 가능
진공 흡입을 이용한 제거	• 거주지 수표면이나 고인 기름을 진공흡입으로 제거 - 접근 가능한 해안에는 모두 사용 가능하고 환경 영향 최소이나 습지에서는 식생 피해 최소화를 위해 모니터링이 필요
잔류오염 제거	• 수작업 또는 중장비를 이용하여 해안 및 수면의 유류오염 쓰레기 제거 - 안전한 접근이 허용된 해안 유형에 적용 가능하나, 일반적으로 파랑과 고조 상부지 역 위에 있는 잔해 제거
파도에 의한 제거 및 토양 갈아엎기	• 오염퇴적물 제거가 문제가 되는 사질, 역질 해빈에서 퇴적물 뒤집기, 고랑파기 또는 오염퇴적물을 쇄파대로 이동 • 오염된 퇴적물의 표면적을 증가시키고 깊은 하부층의 기름과 뒤섞음으로 자연 정화 절차에 기름이 노출되고 기름 감소율이 개선 - 주로 파랑에 노출된 해빈에 사용 가능
해수 저압세척	• 인공 구조물이나 퇴적층에 부착된 액상 기름을 제거하기 위함이고 표면에 고인기름 이나 식생에 갇힌 기름을 제거함 • 주변수를 50psi 이하로 분사하는 저압 세척은 표면층으로 기름을 부유시키고 부유 된 기름은 붐에 의해 포집되거나 스키머 또는 흡착제를 이용하여 회수함 - 기름이 풍화되지 않고 액상형태로 심하게 오염된 자갈 해빈, 사석층, 방파제에 적용 가능
해수 고압세척	• 주변수를 100~1,000psi로 분사하여 표면층으로 기름을 부유시키고 부유된 기름 은 붐에 의해 포집되거나 스키머 또는 흡착제를 이용하여 회수함 - 인공 구조물이나 경질 퇴적층(암반)에 고착된 기름을 제거
고온수 저압세척	• 32~77℃의 온수를 50psi 이하로 분사하여 표면층으로 기름을 부유시키고 부유된 기름은 붐에 의해 포집되거나 스키머 또는 흡착제를 이용하여 회수함 - 포집을 위한 양수 전에 암석 및 방파제 표면에 고착된 풍화 기름과 두꺼운 기름을 이동시켜 회수
고온수 고압세척	• 32~77℃의 온수를 100~1,000psi로 분사하여 표면층으로 기름을 부유시키고 부 유된 기름은 붐에 의해 포집되거나 스키머 또는 흡착제를 이용하여 회수함 - 포집을 위한 양수 전에 암석 및 방파제 표면에 고착된 풍화 기름과 두꺼운 기름을 이동시켜 회수

영향을 받은 해안의 대표적인 부분에 대해서는 실제로 현장답사에 의하여 오염된 지역에 대하여 보다 상세한 평가를 할 수 있다. 기름오염 정도가 다르거나 또는 해안의 특성이 다른 곳에서는 이러한 평가작업을 반복하지 않으면 안 된다(부록 1 참조). 동시에 화학분석에 필요한 시료를 확보하고 진입로나 방제작업의 실행가능성을 확인한다. 해안환경민감도, 오염확산 가능성, 국민생활의 불편 및 경제적 손실 등을 평가하여 방제우선순위 및 방제방법을 결정하여 시행한다. 상세한 해안 방제방법은 해양경찰청, 미국 NOAA 지침서, ITOPF의 기술문서 등을 참조하면 된다.

수작업에 의한 제거	흡착제를 이용한 제거	기계적 제거
진공흡입 제거	잔류오염 제거	파도에 의한 제거/토양 갈아엎기
해수범람 이용 제거	해수 저압/고압 세척	고온수 저압/고압 세척

그림 4-2 해안 방제기법 적용 사례(사진: 해양경찰청)

4.2.2 방제종료 기준

해안방제 시 생태계 영향을 최소화할 수 있는 방제기법뿐만 아니라 각종 이해당사자들을 설득할 수 있는 방제종료 기준 설정 마련이 필요하다. 사고 이후 방제당국에 의해 조업중지 해제, 해수욕장 개장 등이 공식적으로 실시되어도 미량의 잔존유 발견에도 경제적 타격이 클 수 있으므로 지역사회, 언론 등을 대상으로 설득력있는 기준을 제시할 수 있어야 한다.

미국 NOAA에서는 방제종료 기준으로 정성적 현장측정기준, 정량적 현장측정기준, 분석학적 측정기준, 해석학적 영향평가기준 등을 제시하고 있다. 이들 중 정성적 현장측정기준, 정량적 현장측정기준을 첫 번째 초기 방제종료 기준으로 권장하고 있으며, 이 기준은 대부분의 유류사고에서 방제 종료 시점의 기준으로 적용되고 있다. 여기서는 해양경찰청에서 제안한 종료기준을 소개한다.

표 4-4 해안특성별 해안방제 종료 가이드 라인

구분	해안방제 종료 가이드 라인
암반 및 바위해안	① 사람이 많이 이용하는 장소(관광지, 공원, 해수욕장 등)의 조간대에는 손으로 문질러 떨어지는 기름이 없어야 한다. ② 사람의 접근이 많지 않은 조간대는 부상하는 기름이 없어야 한다. ③ 사람이 많이 이용하는 해안의 조간대 상부에는 물로 씻을 수 있는 정도의 기름이 없어야 한다. ④ 민감한 야생동물이나 식물에 영향을 줄수있는 기름이 고여 있거나 더 이상 유출되지 않아야 한다. ⑤ 방제를 위해 사람의 접근이 위험하고 자연방제가 기대되는 곳이며 2차오염이 우려되지 않는다면 가능한 자연방제가 촉진되도록 조치하고 모니터링할 수 있다.
이용도 높은 자갈해안, 자갈과 모래 혼합해안	① 조간대 상부 표층 및 퇴적층에는 육안으로 관찰되는 기름이 없어야 한다. ② 조간대에는 부상할 수 있는 기름이 없어야 하고 표층에는 손에 묻을 정도의 기름이 없어야 한다. ③ 조간대 퇴적층에는 모여 있는 기름 및 타르가 없어야 한다. ④ 퇴적층의 조사구덩이(pits)에는 기름띠(oil layer)가 없어야 한다.

표 4-4 (계속) 해안특성별 해안방제 종료 가이드라인

구분	해안방제 종료 가이드라인
이용도 낮은 자갈해안, 자갈과 모래혼합 해안	① 조간대 상부 표층에는 손으로 문질러 떨어지는 기름이 없어야 한다. ② 조간대에는 부상하는 기름이 없어야 한다. ③ 퇴적층의 조사구덩이(pits)에는 모이는 기름이 없어야 한다. ④ 자연방제가 기대되는 조간대 퇴적층은 자연방제가 촉진될 수 있도록 조치하고 모니터링할 수 있다.
모래해안	① 표층에는 피부에 묻을 정도의 기름이 없어야 한다. ② 조간대의 표층 하부 조사구덩이(trench)에는 기름띠가 없어야 한다. ③ 조간대 상부의 표층 아래는 기름띠가 없어야 한다.
사람출입이 많지 않은 모래사장	① 조간대에서 수면으로 부상하는 기름이 없어야 한다. ② 조간대 및 조간대 상부표층에는 자연방제가 될 수 있는 미세한 타르볼을 제외하고는 기름이 없어야 한다. ③ 야생 동식물을 오염시킬 수 있는 기름이 없어야 한다. ④ 표층 하부 조사구덩이(trench)에서 갈색보다 짙은 색의 기름이 발견되지 않아야 한다.
해수욕장	① 육안으로 관찰되는 기름이 없어야 한다. ② 표층 하부의 조사구덩이(trench)에서 기름 및 타르가 발견되지 않아야 한다. ③ 조간대 및 조간대 상부의 표층과 표층 하부에서 시각, 후각, 촉각으로 기름이 감지되지 않아야 한다.
갯벌해안	① 조간대 상부에는 육안으로 관찰되는 기름이 없어야 한다. ② 조간대에는 부상할 수 있는 기름 및 타르 덩어리가 없어야 한다.
인공구조물	① 부상할 수 있는 기름이 없어야 한다. ② 사람이 많이 이용하는 장소에서는 선박을 오염시키거나 사람이 접촉 시 기름이 묻어나지 않아야 한다. ③ 사람이 많이 이용하는 해안의 조각품이나 예술품들은 유류오염 흔적(stain)이 없어야 한다. ④ 산업지역에서는 액상유류 혹은 짙은 무지개빛 유막이 더 이상 흘러나오지 않아야 한다. ⑤ 사람이 많이 이용하지 않는 장소에서는 자연방제가 기대되고 2차 오염을 야기할 수 있는 유류가 없어야 한다. ⑥ 투과성 해안이 오염되었을 때 주변의 민감지역에 위해를 주지 않고 2차 오염을 발생시킬 우려가 없을 경우 유류확산 예방조치 후 모니터링할 수 있다.

4.3 유처리제(Oil Spill Dispersant)

4.3.1 유처리제란?

유처리제는 해상에 유출된 기름성분을 화학적 방법으로 처리하는 약제로 유분산처리제, 유화제, 유분산제로 불리기도 한다. 유처리제는 기름을 미세한 입자로 유화, 분산시켜 수중으로 확산시킴으로써 생분해, 증발, 광분해 등의 자정작용을 촉진시켜 기름을 소멸시킨다(그림 4-3). 일반적으로 유처리제는 용제(70%), 계면활성제(30%), 기타첨가제로 구성되며, 파라핀계 광유가 주성분인 탄화수소 용제형과 물이 주성분인 수용제형, 그리고 농축형 유처리제로 구분된다. 용제는 계면활성제의 유동성 증가, 유류에 침투 용이성 증가, 저온 시에 응고를 방지하는 역할을 하고 생물독성이 낮은 성분이 사용된다. 계면활성제는 일반 세제와 유사한 역할을 하며, 기름에 침투하여 표면장력과 계면장력을 약화시켜 기름을

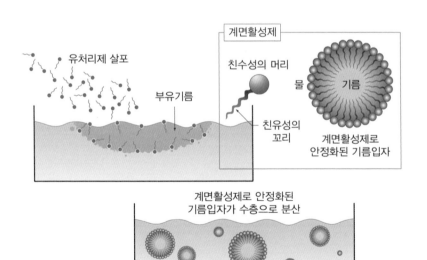

그림 4-3 유처리제의 작용 원리

미립자로 만든다. 최근 세계적으로 분산효과가 우수한 농축형 유처리제가 많이 사용되는 추세이다.

유처리제를 사용하지 않아도 파도와 같은 물리적인 혼합 에너지가 충분히 큰 경우에는 물과 기름이 섞인다. 유처리제에 의해 분산된 화학적 분산유와 구별하기 위해, 이를 물리적 분산유라고 부른다. 섞이는 정도는 기름의 물리화학적 특성과 혼합에너지의 크기에 의해 결정된다. 일반적으로 가솔린과 디젤 같은 가벼운 정제유가 물과 잘 섞이며, 무거운 기름일수록 잘 섞이지 않는다. 물리적으로 분산된 기름은 입자가 수 마이크로미터 크기로, 작을수록 수중에 오래 머물며, 밀리미터 단위의 큰 입자는 다시 표층으로 재부유한다.

4.3.2 유처리제의 독성

현재 시판/사용 중인 유처리제에는 많은 사람들이 2차오염의 원인으로 생각하는 방향족탄화수소 함량이 원유나 벙커C유(17~25%)에 비해 낮은 1% 미만이어서 유처리제 자체에 의한 독성은 대부분 사고유에 비해 현저히 낮은 수준이다. 그럼에도 불구하고 유처리제 자체의 독성에 대한 논란이 지속되는 것은 1970년대에 방향족탄화수소 함량이 높은 용매를 용제로 사용함에 따라 부차적인 오염이 심각했던 토리캐년호 사고 등의 사례에서 기인한다. 그래서 최근 유처리제 승인 시 독성이 강한 방향족탄화수소의 함량을 3% 이하로 규제하고 있으며, 국내 시판 중인 대부분의 유처리제에도 1% 미만으로 함유된 것으로 알려져 있다. 또한 형식승인을 통해 기준보다 독성이 강한 제품은 유통되지 못하게 하고 있다. 국내에서 유처리제의 형식승인을 위해서는 식물플랑크톤, 송사리, 풍년새우, 우럭과 같이 서로 다른 4가지 생물에 대한 유처리제 독성실험이 필수적이다. 결과적으로 지속적으로 논란이 되고 있는 유처리제의 2차 오염은 유처리제 자체독성보다는 유처리제의 작용기작, 즉 2차원적으로 확산되는 유출유를 3차원적으로 수층으로 분산시킴으로써 생기는 기름의 독성에 기인하는 것으로 정리할 수 있다.

이외에도 유처리제 사용과 관련된 논란 중의 하나는 유처리제 사용 후 분산된 기름의 해양 내 거동과 관련되어 있다. 허베이스피리트호 사고 시 언론에 의해 유포된 사항 중의 하나가 과학적인 근거가 미약한 '오일볼'로 유처리제 사용이 이 현상을 가속화시키는 것으로 보도된 바 있다. 자연적 혹은 유처리제 사용으로 수층으로 분산된 기름의 일부는 수층 내의 입자와 결합하여 OMA(oil-mineral aggregate)를 형성하여 저층으로 가라앉거나 수층에서 미생물분해를 촉진하여 결과적으로 기름이 제거되는 데 기여하는 것으로 알려져 있다. OMA와 관련한 다양한 연구는 현재 캐나다 및 미국의 연구자들에 의해 활발히 진행 중이며, '오일볼'은 과학적으로 정립된 용어가 아니다.

4.3.3 유처리제의 득과 실

해상에 부유하는 기름의 물리적인 수거를 제외한 대부분의 방제방법들은 기름제거 효과와 더불어 2차적인 영향을 야기할 수 있다. 특히 유처리제의 경우는 방제효과와 2차 영향을 놓고 취사선택을 하기가 가장 어렵다. 유처리제로 해상에 부유하는 기름을 수층으로 분산시키는 목적은 다음과 같다. 첫째, 해안으로 밀려오는 기름의 양을 감소시켜 민감한 해안의 피해와 해상방제에 비하여 비용손실이 크고 어려운 해안방제 노력을 줄일 수 있다. 둘째, 바다새와 포유류 등 부유 기름의 영향을 가장 많이 받는 생물을 보호할 수 있다. 셋째, 수층 분산으로 인한 기름의 분해와 희석효과를 증대시킨다. 넷째, 다른 방제방법에 비해 빠른 시간 내에 넓은 해역을 방제할 수 있다.

하지만 수층으로 분산된 기름은 반대로 다음과 같은 2차 영향을 유발한다. 첫째, 수중의 기름의 농도를 급격하게 증가시켜 일시적으로 주변 해역 수중 생물들에 대한 독성영향을 증가시킨다. 둘째, 표층의 부유 기름은 2차원적으로 확산하지만, 수층으로의 분산은 3차원적인 확산으로 일시적으로 더 넓은 범위에 영향을 줄 수 있다. 셋째, 수중 생물들이 영향을 쉽게 받을 수 있는 미세한 입자로 기름을 분산시킨다. 유처리제의 사용에 따른 득과실은 사용해역과 사용시점에 따라서 크게 바뀔 수밖에 없기 때문에 쉽게 판가름하기 어렵다. 따라서 많은 국가들이 기본적인 지침과 계획만을 미리 정해 놓고, 각 사고 시 현장의 상황에 따라 가용한 모든 정보와 자료를 근거로 현장지휘관이 최선의 선택을 하도록 하고 있다.

4.3.4 유처리제의 사용

유처리제가 기름과 혼합되어 분산효과를 보려면 기름의 점도, 화학조성 등 물리화학적 조건이 맞아야 한다. 점도가 매우 높은 기름은 유처리제를 사용할 수 없다. 일반 원유의 경우 초기에는 사용이 가능하지만 용해, 증발, 에멀전화 등의 풍화과정을 거치면서 기름의 점도가 높아지면 유처리제로 분산시킬 수 없다. 일반적으로 사고 발생 초기 수 시간에서 수일 이내의 짧은 기회의 창이 존재하기 때문에 유처리제를 사용하려면 빠른 의사결정이 선결조건이다. 또한 유처리제가 기름과 물리적으로 잘 혼합되어 작용할 수 있도록 하는 파도와 같은 물리적인 에너지가 제한된 환경에서도 유처리제의 사용효과를 보기 어렵다.

해상 유류 유출사고의 대응은 유출유의 종류, 사고해역의 환경조건,

가용한 방제 인력과 장비 등의 조건을 고려하여 사고에 따른 경제적 피해는 물론 환경적 피해를 최소하도록 하는 것이다. 유처리제는 해상방제 수단의 하나로써 유처리제의 사용해역과 사용시점의 결정은 방제효과와 2차 영향을 고려한 의사결정 과정을 거쳐서 이루어져야 한다. 이를 위해 방제실행 계획에는 유처리제 사용 의사결정 절차와 방법에 대한 사전약속과 계획이 수립되어 있어야 한다. 유처리제의 사용해역은 해류와 조류 등 해역의 특성, 민감한 수산자원과 생태계의 분포, 방제의 효율성 등 많은 요소를 검토하여 결정해야 한다. 현재 국내에서는 유처리제 사용해역을 현장방제책임자 재량으로 사용할 수 있는 해역, 주변상황을 고려한 후 사용할 수 있는 해역, 사용을 억제해야 할 해역으로 구분하고 있다.

허베이스피리트호 사고가 발생한 태안해역의 경우도 사고발생 이전에 방제실행계획에 유처리제 사용해역이 설정되어 있다(그림 4-5). 해안과 해역의 이용도가 모두 세계에서 매우 높은 수준인 우리나라의 경우 해안에 기름이 표착할 때와 해상에서 수중으로 분산시켰을 때 모두 경제적

그림 4-4 허베이스피리트호 사고 시 태안 만리포해수욕장에 야적된 유처리제(사진: KIOST)

및 환경적인 피해가 발생할 수 있고 사용에 따른 득과 실을 정량적으로 판단하기 매우 어렵기 때문에 상황 발생 시 유처리제 사용에 대한 의사 결정에 큰 어려움이 있다.

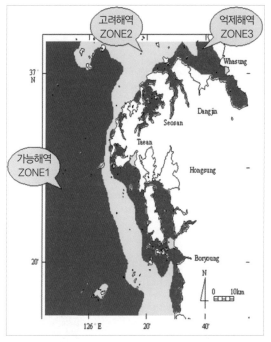

그림 4-5 태안 인근 해역의 유처리제 사용 계획(해양경찰청, 2002)

4.4 생물정화기법(Bioremediation)

4.4.1 생물정화란?

오염이란 "생물학적으로 지속성을 지니며 환경에 비정상적인 영향을 미치는 것"을 의미한다. 생물학적으로 지속성을 지닌다는 의미는 오염의 정의로서 매우 중요하다. 이것은 특정 물질이 존재하기만 하는 것이 아니라 생물체에 급성이던 혹은 만성이던 영향을 미칠 경우에만 오염으로 여겨진다는 뜻이다. 생물정화는 "오염현장의 생물 활성을 높여주거나 혹은 외부로부터 오염물질 제거능력을 지닌 생물을 도입함으로써 오염물질을 분해·제거하는 과정"으로 정의할 수 있다.

1900년대 초 석유탄화수소는 미생물에 의해 분해될 수 있으며, 성장에 필요한 단일 탄소원이며 에너지원으로서 이용한다는 것이 알려졌다. 20세기 중반 로젠버그와 같은 과학자들은 유류가 오염된 지역의 탄화수소 산화미생물 수가 계속적으로 늘어난다는 것을 보고한 바 있다. 즉, 석유의 구성 성분은 미생물의 먹이가 되어 분해·제거되는데 이렇게 석유 성분이 제거되는 과정을 인위적으로 빠르게 만들어주는 것이 바로 생물정화다.

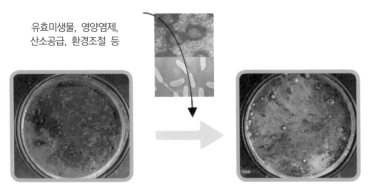

유효미생물, 영양염제,
산소공급, 환경조절 등

그림 4-6 생물정화기술 모식도. 오염된 환경(좌)에 미생물이나 영양염제, 산소 등의 제약요인을 투여함으로써 오염물질이 제거된 환경(우)으로 만드는 기술

4.4.2 석유 탄화수소 성분의 생물분해 과정

일반적으로 지방족 탄화수소는 monooxygenase라는 효소에 의해 탄화수소 끝부분의 메틸기에 산소가 끼어들어가서 알콜기로 산화되는 과정에 의해 시작된다. 반면 벤젠 고리로 이루어진 방향족탄화수소는 dioxygenase라고 하는 효소가 두 개의 산소원자를 이용해서 방향족 고리를 부수거나 (세균이나 조류의 경우) cytochrome P-450 monooxygenase라는 효소가 산소를 이용해서 고리를 부수는 과정(곰팡이나 시안세균(cyanobacteria))을 통해 분해된다. 나프탈렌이나 페난트렌처럼 고리수가 2~3개인, 상대적으로 분자량이 낮은 방향족 탄화수소를 분해하는 미생물은 많이 보고되어 왔으나 고리수 다섯 개 이상의 방향족 탄화수소를 분해하는 미생물은 매우 드물며 현재까지 10종 내외의 세균만이 알려졌다. 이렇게 분해과정을 거친 탄화수소는 미생물의 에너지 생산공장인 TCA 회로를 통과하면서 물과 이산화탄소로 완전히 분해된다.

4.4.3 생물정화기술의 구분

미생물이 탄화수소를 분해하기 위해서는 적당한 온도와 충분한 산소가 공급되어야 하며 질소나 인과 같은 무기영양물질도 부족하지 않아야 한다. 사람으로 치면 유산소 운동에 더불어 균형잡힌 식단을 만들어주는 것이 중요하다는 이야기다. 이런 조건들이 충족되더라도 오염물질이 토양입자에 붙어서 미생물이 접근하기 어려우면 분해가 더뎌진다. 이런 여러 제약 조건들을 해결해 주는 다양한 기술들이 바로 생물정화기술이다.

생물정화기술은 크게 세 가지로 분류된다. 그 첫 번째가 생물활성촉진기술인데 이 기술은 오염 현장에 있는 토착미생물들이 석유 탄화수소를

표 4-5 생물정화기술의 종류와 정의

생물정화기술 종류	정의
생물활성 촉진기술	오염현장에 있는 토착미생물들이 석유탄화수소를 분해할 수 있도록 촉진시킴. 산소공급을 원활히 하고 질소, 인, 비료 투입
생물접종기술	오염물질 분해 미생물을 오염현장에 접종. 토착미생물이 부족하거나 오염물질 분해 어려운 경우 사용
자연회복력 촉진기술 (flushing)	해수 유통 및 공급만 지속적으로 원활히 시킴. 오염 정도가 약하거나 다른 방법을 적용하기 어려울 때 사용 가능

분해하는 과정을 촉진시켜주는 기술이다. 보통 온도를 바꿔주는 것은 어렵지만 산소 공급이 좀 더 잘 되게 한다던가 부족한 질소나 인을 공급하는 것은 비교적 쉽게 할 수 있는 기술이다. 두 번째는 생물접종기술인데, 미리 준비된 오염물질 분해 미생물을 적절한 방법으로 오염 현장에 접종하는 기술을 말한다. 생물접종기술은 오염 현장에 토착미생물이 부족하거나 오염물질이 토착미생물에 의해 분해되기 어려운 경우에 이용된다. 또한 첫 번째 기술은 생물활성 촉진기술과 동시에 이용한다. 마지막 세 번째는 자연치유력에 맡기고 감시만 하는 방법이다. 이 방법은 오염 정도가 그리 심각하지 않고 다른 방법을 적용하기 어려울 경우에 하는 선택이다. 세 방법 중 두 번째의 생물접종기술이 적극적인 의미에서의 생물정화기술이라고 할 수 있다. 생물정화기술은 상대적으로 적은 인력과 비용으로 오염에 대응할 수 있으며 장비 투입이 어려운 환경에서는 유일한 방제수단이 될 수도 있다. 그러나 오염도가 지나치게 높을 경우 적용하기 어려우며 상대적으로 긴 시간이 걸린다는 단점이 있다. 또한 갯벌 같은 경우에는 아직까지 적당한 기술이 없다는 한계도 가지고 있다.

4.4.4 생물정화기술의 적용 사례

해양환경에서는 석유 탄화수소 오염을 제거하기 위한 생물정화기술의 적용 사례가 많지 않다. 가장 대표적인 예가 1989년 미국 알래스카에서 발생한 엑슨발데즈호 좌초 사고로 원유가 유출되었을 때 생물활성 촉진기술을 적용한 것이다. 결과에 대해서는 아직 논란이 있지만 생물정화기술은 상당한 효과를 보인 것으로 평가되었다. 스페인에서 발생한 프레스티지호 사고의 경우에도 다양한 방법으로 생물정화기술을 적용하기 위한 노력이 이루어졌다. 그러나 아직까지 해양 유류오염에 대해 생물정화기술을 적용하는 것은 국제적으로도 개발단계라고 보는 것이 합당할 것 같다.

한국에서는 1980년대 이래 생물정화기술이 꾸준히 개발되어왔지만 해양 유류오염 사고의 방제에는 이용되지 못하였다. 혹시나 접종된 미생물이 이상 증식을 일으켜서 환경재앙으로 작용하지 않을까 하는 의구심에서 이용을 제한했기 때문이다. 그러나 다양한 연구를 통해서 오염물질이 사라지면 접종된 미생물도 사라진다는 것이 확인되었고 2007년 12월에 발생한 허베이스피리트호 유류 유출사고를 기점으로 적극적인 방제 수단으로 생물정화기술 적용 요구를 수용하는 측면에서 형식승인 제도가 만들어졌고 현재까지 10개 제품이 해양 유류오염 사고 방제에 사용 가능한 것으로 형식승인을 획득하였다.

Part 2

허베이스피리트호
유류 유출사고

5 검은 재앙

Chapter

5.1 허베이스피리트호 유류오염 사고

5.1.1 사고개요

2007년 12월 7일 7시경 대형 크레인선을 예인하던 삼성 T-5호의 예인줄이 절단되면서, 크레인선 삼성 1호가 태안군 원북면 신도 남서방 6마일 해상(36-52-00N, 126-02-09E)에서 투묘 중이던 원유운반선 허베이스피리트(Hebei Spirit)호와 충돌하였다. 그 결과 허베이스피리트호의 좌현 1번, 3번, 5번 탱크 3개소가 파공되어 각 탱크에 적재되어 있던 아랍에미리트산 원유(UAE Upper Zakum), 쿠웨이트산 원유(Kuwait Export Crude), 이란산 원유(Iranian Heavy Crude)가 해상으로 유출되었다(그림 5-1). 3종류의 원유의 총 유출량은 12,547kL(10,900M/T; 78,918 Barrels)로 공식 보고되고 있다. 3개 탱크의 파공의 크기는 1번 탱크가 30×3cm, 3번 탱크가 160×10cm, 5번 탱크가 200×160cm였다. 원유가 유출되기 시작하여 파공규모가 큰 5, 3번 탱크에서는 약 4시간 30분 만에 대부분이 쏟아졌으며,

Chapter 5. 검은 재앙 **87**

1번 탱크는 파공규모가 비교적 작아 12월 8일 야간에 유출이 중단되었다.

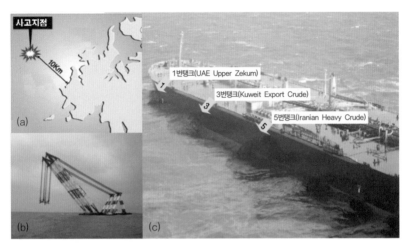

그림 5-1 (a) 허베이스피리트호 유류 유출사고 지점, (b) 허베이스피리트호에 충돌한 삼성중공업 소속 크레인선 삼성 1호, (c) 홍콩 선적 원유운반선 허베이스피리트호 좌현에 크레인선 삼성 1호의 충돌로 좌현 1번, 3번, 5번 탱크에 선체 파공이 발생하여 3종류의 서로 다른 적재 원유가 유출(사진: 해양경찰청)

5.1.2 유류 확산 및 표착 현황

유출된 기름은 강한 북서풍의 영향으로 빠르게 해안 쪽으로 유입되어, 사고 발생 14시간이 지난 21:10경 태안군 소원면 의항리 구름포 해안에 기름이 유입된 것을 시작으로, 사고 후 4일째에는 학암포에서 파도리 구간 35km가 두꺼운 기름층으로 오염되었다. 이후 태안군 남면 지역과 도서지역 등의 해안에 기름덩어리가 유입되었다. 해안으로 유입되지 않은 일부 기름은 에멀젼 및 타르화되어 해류를 따라 이동하면서 전라도 해안, 도서지역 등을 거쳐 사고 후 31일째(2008. 1. 6.)에는 사고해역에서 약 205마일 떨어진 제주시 조천읍 다려도 해안까지 타르볼 유입이 확인되었다(그림 5-2).

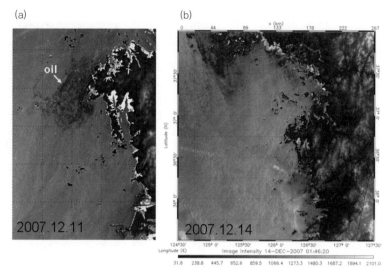

그림 5-2 허베이스피리트호 유류 유출사고 발생 이후 인공위성 영상으로 확인된 해상의 사고유의 확산경로. (a) 2007년 12월 11일에는 태안 앞바다에서 사고유가 점차 남동방향의 안면도로 확산되고 있음을 보여주고 있음. (b) 2007년 12월 14에는 대부분의 사고유가 해상에서 이미 에멀젼화되어 인공위성 SAR로 식별되지 않음(사진: 프랑스 CEDRE)

태안반도의 경우 해안지역은 액상형태의 기름이 표착하였으며, 안면도와 충남도 및 보령시의 도서 일부 지역은 액상의 원유와 에멀젼 형태로 표착하였고, 나머지 충남도서 지역과 전라남북도의 해안과 도서지역은 에멀젼 또는 타르형태로 해안에 표착하였다. 해양경찰청에서는 유관기관의 해안 유징분포 모니터링 자료를 취합하였으며, 2008년 1월 18일 현재 서해안의 사고유 해안 잔류 현황을 취합한 자료를 재구성하여 지도에 표시하면 다음 그림과 같다(그림 5-3).

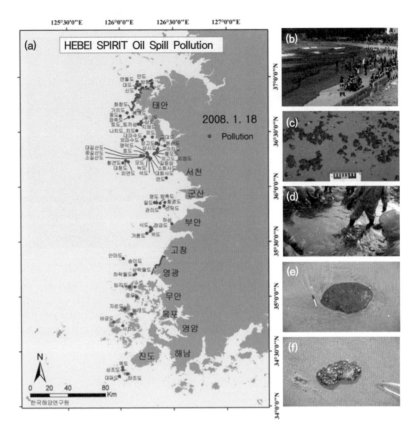

그림 5-3 (a) 2008년 1월 18일 현재 허베이스피리트호에서 유출된 기름의 해안 및 도서지역 잔류 현황, (b) 태안반도에 표착한 액상의 원유, (c) 안면도 해안에 표착한 수 cm 크기의 에멀젼, (d) 삽시도에 표착한 수십 미터 크기의 에멀젼, (e) 전라도의 도서 해안에 표착한 에멀젼, (f) 전라도의 도서 해안에 표착한 타르(사진: KIOST)

(a)

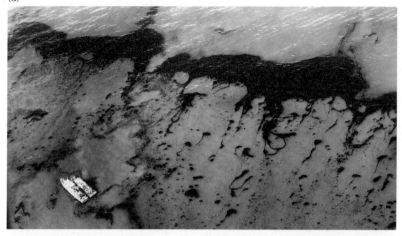

(b)

그림 5-4 (a) 해상에 부유하는 유출유, (b) 유출유로 뒤덮인 만리포해수욕장(사진: 태안군청)

그림 5-5 사고초기 만리포해수욕장에서 방제작업 중인 자원봉사자들. 보호장구 미착용 상태로 방제작업을 진행하여 호흡기와 피부를 통해 유류에 노출됨(사진: 태안군청)

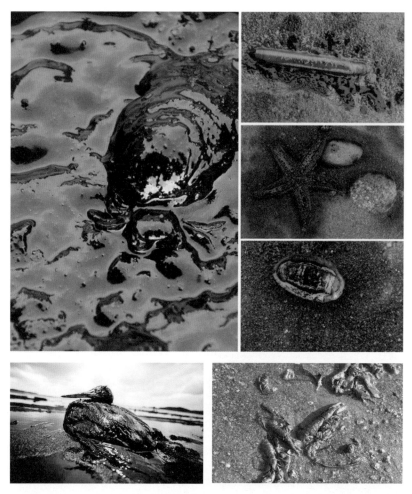

그림 5-6 사고 직후 유출유에 직접 노출 피해를 입은 해양생물들(사진: 유옥환, 환경재단)

5.1.3 방제개요

사고 직후부터 지역주민 및 자원봉사자들은 해안에 밀려든 기름회수 작업을 시작하였다. 2008년 1월 2일까지는 해안 표면에 두껍게 부착되어 재오염의 우려가 있는 기름을 제거하는 1단계 방제작업을, 2008년 1월 3일부터는 해안 표면에 부착된 기름뿐만 아니라 땅속에 스며든 기름까지 제거하는 2단계 방제작업이 실시되었다. 작업방법도 직접 퍼담기, 기계적 회수, 닦아내기, 고압세척, 저압세척, 온수세척, 갈아엎기, 골파기 등의 다양한 방법이 적용되었으며, 시험적으로 기름세정제 및 미생물처리제가 사용되기도 하였다. 자갈해안에 밀려든 기름은 유흡착제나 헝겊으로 직접 자갈이나 바위를 닦아내거나, 온수로 씻어낸 후 파도에 노출시켜 제거했으며, 부두, 안벽, 바위 표면에 말라 붙은 기름은 고압세척기로 제거했다. 전라도 지역의 타르 덩어리는 지역주민들이 동원되어 수작업으로 제거되었다.

사고 이후부터 2008년 10월 2일 기준으로 총 2,131,612명의 인원이 방제에 참여하였으며, 이 중 1,226,730명이 자원봉사자였다. 허베이스피리트호 사고는 사안의 심각성 때문에 국민의 관심이 집중되었다. 자원봉사자들은 사고 2일째부터 전국 각지에서 태안으로 몰려왔으며, 2007년 12월에는 일일 평균 16,300명, 최대 36,029명이 참여하기도 했다. 해당 기간 선박은 총 19,864척, 헬기는 34대, 중장비는 포크레인, 세척기, 트랙터 등을 포함하여 총 28,893대가 방제작업에 동원되었다(표 5-1).

표 5-1 방제작업 동원인력 및 장비('08.10.2. 기준)

인원(명)	선박(척)	헬기(대)	중장비(대)		
			포크레인	세척기	트랙터 등
2,131,612 (자원봉사자: 1,226,730)	19,864	346	5,548	8,994	14,351
			총 28,893		

자료출처: 해양경찰청

2008년 10월 2일 현재 해양경찰청에 집계된 액상 폐유 및 고형의 흡착폐기물 통계는 다음 표에 나타낸 것과 같다. 물을 포함한 폐유는 해상에서 2,360kL와 육상에서 1,815kL가 수거되어 총 4,175kL, 고형의 형태로 수거된 흡착폐기물은 해상에서 1,034톤과 육상에서 31,013톤이 수거되어 총량은 32,047톤이었다.

표 5-2 폐유 수거실적 및 폐기물 발생량('08.10.2. 기준)

합계		해상		육상	
폐유(kL)	흡착폐기물 (톤)	폐유	흡착폐기물	폐유	흡착폐기물
4,175	32,047	2,360	1,034	1,815	31,013

자료출처: 해양경찰청

그림 5-7 허베이스피리트호 유류 유출사고 후 진행된 해상방제작업(사진: 해양경찰청)

5.2 해양오염영향조사의 개요

5.2.1 「해양환경관리법」 관련조항

「해양환경관리법」에는 유류를 포함한 유해물질의 해양유출사고 시 해양오염영향조사의 시행과 관련한 조항이 아래와 같이 포함되어 있다.

제77조(해양오염영향조사) ① 선박 또는 해양시설에서 대통령령이 정하는 규모 이상의 오염물질이 해양에 배출되는 경우에는 그 선박 또는 해양시설의 소유자는 해양오염영향조사기관을 통하여 해양오염영향조사를 실시하여야 한다.

② 제1항의 규정에 따른 해양오염영향조사기관은 대통령령이 정하는 기준에 따라 해양수산부장관이 지정하여 고시한다.

③ 해양수산부장관은 제1항의 규정에 따라 해양오염영향조사를 하여야 하는 자가 대통령령이 정하는 기간 이내에 이를 행하지 아니하거나 대통령령이 정하는 바에 따라 긴급히 조사를 할 필요가 있다고 인정되는 경우에는 별도의 조사기관을 선정하여 실시하게 하여야 한다.

④ 해양수산부장관은 제3항의 규정에 따라 별도의 해양오염영향조사를 실시하게 하려는 경우에는 해양수산부령이 정하는 바에 따라 「해양수산발전 기본법」 제7조에 따른 해양수산발전위원회의 심의를 거쳐야 한다.

제78조(해양오염영향조사의 분야 및 항목) 해양오염영향조사는 오염물질에 의하여 해로운 영향을 받게 되는 자연환경, 생활환경 및

사회·경제환경 분야 등에 대하여 실시하여야 하며, 분야별 세부
항목은 대통령령으로 정한다.

「해양환경관리법 시행령」에는 해양오염영향조사와 관련하여 다음과
같은 내용이 포함되어 있다.

제58조(해양오염영향조사) ① 법 제77조제1항에서 "대통령령이 정하는
규모"란 별표 12에 따른 규모를 말한다.
② 법 제77조제2항에 따른 해양오염영향조사기관(이하 "조사
기관"이라 한다)의 지정기준은 별표 13과 같다.
③ 법 제77조제3항에서 "대통령령이 정하는 기간"이란 사고가
발생한 날부터 3개월을 말하고, "대통령령이 정하는 바에 따라
긴급히 조사를 할 필요가 있다고 인정되는 경우"란 다음 각 호의
어느 하나에 해당하는 경우를 말한다.
1. 해양수산부령으로 정하는 규모 이상의 오염물질이 대량으로
배출된 경우
2. 오염물질의 확산으로 양식시설 등의 대량 피해가 예상되는
경우

제59조(해양오염영향조사의 분야별 세부항목) 법 제78조에 따른 해양
오염영향 조사의 분야별 세부항목은 별표 14와 같다(표 5-3).

「해양환경관리법 시행령」 제58조에서 대통령령이 정하는 규모는 "기
름 중 지속성유(원유, 연료유, 중유, 윤활유)와 폐유"의 경우 "100kL 이상"

으로 규정하고 있다. 이번 허베이스피리트호에서는 원유 총 12,547kL가 유출되어 이에 포함되는 사고에 해당된다. 허베이스피리트호 원유 유출 사고의 경우 기존에 국내에서 발생했던 사고 중에 그 규모가 가장 클 뿐만 아니라, 원유 유출량의 규모 및 해안의 피해규모가 초기에 매우 크기 때문에 법적으로 "긴급히 조사를 할 필요가 있다고 인정되는 경우"에 해당된다.

표 5-3 해양오염영향조사의 분야별 세부항목(「해양환경관리법 시행령」 제59조)

분야	조사항목	비고
자연환경	1. 기상 2. 해류·조류 3. 해저지질 4. 해양환경(수질·생물·퇴적물) 5. 해양생태계	
생활환경	1. 연안 및 해역이용 2. 수산물의 안정성 3. 공공시설의 오염피해	
사회·경제환경	1. 인구 2. 주거 3. 산업 4. 어업현장	

5.2.2 조사의 개요

해양 유류오염 사고의 경우 시간이 지나면서 중요한 정보들을 잃을 수 있기 때문에 초기에 빠르게 조사를 진행하는 것이 무엇보다 중요하다. 1995년 씨프린스호 사고 때 법적인 해양오염영향조사가 선박의 소유자와 협의를 거쳐 진행되는 과정에서 사고 1년 뒤에 공식적인 조사가 시작된 것과 비교하면, 허베이스피리트호 사고의 경우는 사고 이후 빠른 대응을 통해 공식적인 해양오염영향 조사가 사고 초기에 착수된 경우에 해당된다. 정식조사와 별도로 사업 협약 이전인 2007년 12월 11일부터 초기 오염영향조사가 실시되었으며, 이 조사를 통해 사고초기의 해수, 사고유, 어패류 등의 시료를 확보하였다.

가로림만-군산 앞바다에 이르는 긴급영향조사가 수행되는 중에 에멀 전 또는 타르화된 사고유가 충청남도의 54개 도서지역과 전라도 47개 도서 지역 및 변산, 고창, 영광의 해안에 표착되었다. 시료 채취를 위한 접근이 어려운 101개의 도서지역에 사고유가 표착되고 그 범위도 태안 반도 남쪽의 서해안 전역으로 확대되면서 1차 조사의 과업의 범위를 훨 씬 뛰어넘게 됨에 따라 추가 조사의 필요성이 대두되었다. 따라서 충남 도서 및 전라도 해안과 도서지역에 대한 유류오염의 현황조사는 추가 협 약을 통해 2008년 9월부터 조사가 시작되었으나, 단 초기 시료의 유실을 방지하기 위하여 1차 시료채취는 2008년 2월과 3월에 걸쳐 이루어졌다.

5.2.3 조사의 목적 및 내용

「해양환경관리법 시행령」 제59조에서는 자연환경, 생활환경, 사회· 경제환경 분야의 조사를 규정하고 있다. 「해양환경관리법」상의 해양오염 영향조사의 목적은 국가가 소유하고 있고 전 국민이 사용자가 되는 공공 재 성격의 환경 및 생태계에 대한 영향을 평가하는 것으로, 개인 및 회사 의 경제적 피해를 직접적으로 평가하는 조사와는 구별된다. 개인 및 회 사의 경제적인 손실은 민사소송의 대상으로 국제유류오염보상기금(The International Oil Pollution Compensation Funds; IOPC Funds)에서 지불 하는 경제적 피해액의 산정은 통상적으로 국제유류오염보상기금 및 선 주의 보험사(Protection & Indemnity Club; P&I Club)의 의뢰를 받은 국제 유조선 선주 오염협회(ITOPF)에서 사고 국가에 손해사정업체(Surveyor)를 선정하여 이루어지거나 사고 피해 당사자의 개별 또는 집단적인 손해배상 소송에 의해서 이루어진다.

「해양환경관리법」상의 해양오염영향조사는 개인적인 손해배상의 대상이 되지 않는 공공재 성격의 환경 및 자연자원에 대한 피해를 평가하는 것으로 환경피해에 대한 조사비용은 통상 사고 선박의 소유회사 또는 보험사에서 지불하게 된다. 허베이스피리트호 사고의 경우 2008년 6월에 추정된 경제적 피해규모가 이미 국제유류오염보상기금의 최대 보상 액수를 훨씬 상회하는 것으로 평가됨에 따라 국가가 선지불한 방제비용과 환경피해조사 등의 비용은 손해보상 청구 시 후순위에 포함되도록 하였다. 「해양환경관리법」에 근거하여 수행되는 공식적인 해양오염 영향조사는 직접적인 경제적 손실에 대한 평가를 목적으로 하지는 않고 있으나, 사고 선박으로부터 유출된 사고유가 미친 영향의 공간적 범위, 환경에 미치는 영향의 수준, 환경에서 사고유의 잔류 및 영향의 기간은 경제적인 손해의 배상에서 간접적인 근거자료로 활용될 수 있다. 또한 공공재 성격의 환경에 대한 피해가 금전적으로 계량화할 수 있는 경제적인 피해인 경우 과학적으로 입증하고 이를 합리적인 수단을 동원하여 복원을 하고 그 효과를 과학적으로 증명한 경우에 한해서 국제유류오염보상기금에서 환경복원 비용을 보상할 수 있다. 따라서 해양오염영향 조사 결과는 향후 환경복원을 위한 근거자료의 제시는 물론 환경복원 비용의 배상과 관련한 행정 또는 법적인 절차에 활용될 수 있다.

위에 제시한 법적인 근거 및 조사의 목적에 따라서 본 조사에서는 사고 해역에서 사고에 의한 자연환경의 영향을 밝히는 데 초점을 맞추었으며, 「해양환경관리법」상의 조사항목을 사고의 형태, 규모, 및 범위 등을 감안하여 내용을 재구성하였다. 엑슨발데즈 유류 유출사고 이후부터 유류 유출사고에 따른 생물 및 생태계 영향 여부를 입증하기 위한 생물독성 연구가 강조되고 있는 세계적인 연구추세를 반영하여 생물독성 평가 분야를 추가하였다. 결론적으로「해양환경관리법」상의 공식적인 해양오염 영향 조사는 아래 그림과 같이 내용을 재구성하여 5개의 큰 범주인 1) 환경오염, 2) 생물독성, 3) 생태계영향, 4) 해양환경요인, 5) 인문·사회·경제 환경 분야로 분류될 수 있다.

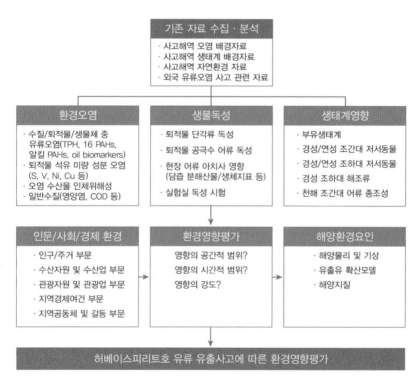

그림 5-8 허베이스피리트호 유류 유출사고에 따른 해양오염영향조사 내용 요약

Chapter 6 유류오염 평가

6.1 조간대 해수 유류오염

6.1.1 조사방법

허베이스피리트호 원유 유출사고 발생 직후인 2007년 12월 11일부터 태안반도 조간대를 중심으로 조사목적에 따라 주별, 월별, 계절별로 조사하였다. 사고 발생 직후에는 조사정점 및 시료채취 빈도를 높게 하여 광범위하고 집중적인 조사를 실시하였으며, 2008년부터는 월별 혹은 계절별로 해수 시료를 채취하여 지속적인 오염 영향 및 시간적인 변화양상을 파악하였다. 시료 채취지역은 충남 서산시 독곶리에서부터 안면도 곰섬까지의 범위를 포함하며(그림 6-1), 학암포, 신두리, 구름포, 만리포, 파도리해수욕장 및 가루미, 개목항, 모항항, 신두리갯벌, 소근리갯벌, 신두리해안사구 등 주요 정점에서는 보다 집중적인 조사를 실시하였다. 유류오염 영향평가를 위하여 형광분석법을 이용하여 해수 내 총유분을 분석하였으며, 독성 영향을 파악하기 위해 기름의 주요 독성성분인 PAHs를 분석하였다.

6.1.2 해수 내 총유분

2007년 12월 처음 실시된 조사에서는 72개 조사정점 대부분에서 유류오염에 의한 직접적인 영향이 확인되었다. 주로 학암포에서 파도리에 이르는 집중피해 지역에서 높은 유분 분포를 나타내었으며, 지역적인 환경

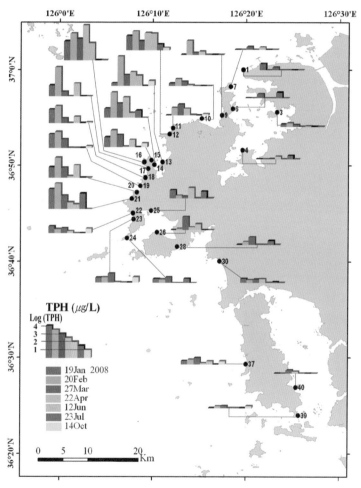

그림 6-1 태안 조간대 해수 내 유류오염(총유분) 분포 및 초기 1년간 시간에 따른 농도변화. 막대가 길수록 오염도가 높으며, 우측으로 이동함에 따라 시간 경과에 따른 오염도 변화를 나타냄

특성, 방제상황, 잔존유 재유입 등의 영향으로 2008년 4월까지 해수 중 유분 농도는 증감을 반복하였다(그림 6-2). 2008년 6월 이후부터는 지속적으로 감소하여, 2009년에는 대부분의 정점에서 해역수질기준(10ppb) 이하의 값을 나타내었으나, 만리포와 소근리갯벌 등 일부해역에서 기준치를 다소 상회하는 값을 나타내었다. 특히, 2009년 6월 굴삭기 등을 동원하여 집중 방제작업을 실시했던 가루미에서는, 방제작업 당시 해수 중 유분농도가 523ppb로 사고 초기인 2008년 2월에 조사된 유분농도 최대치와 유사한 수준을 보였다. 이후 2009년 9월부터는 모든 해역에서 해역수질기준 이하의 농도 분포를 나타내었다(그림 6-2).

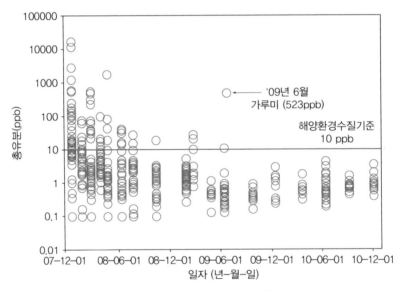

그림 6-2 조간대 해수 내 총유분 분포의 시간경과에 따른 변화.
각 조사 시기의 모든 측정치를 표시하였으며, 시간에 따라 지속적으로 감소하여 2009년 9월 이후에는 모든 해역에서 해역수질기준 이하의 농도 분포를 보임

6.1.3 해수 내 PAHs

기름에 포함되어 있는 오염물질 중 PAHs는 유출사고에 의해 해양으로 유입되는 가장 유해한 요소 중 하나로 알려져 있다. 해수 내 PAHs 조사는 사고 직후인 2007년 12월에는 조사정점 및 시료채취 빈도를 늘려 초기 오염범위 및 오염수준에 관한 정보를 확보하기 위해 집중적인 조사를 실시하였다. 이후 2008년 1월부터 12월까지는 사고 초기 유류오염의 영향을 크게 받은 조간대 주요 정점을 선정하여 농도분포 및 월별 변화를 파악하였으며, 2009년부터는 계절별 조사를 실시하였다. 조간대 해수 내 PAHs는 사고 초기 최고 5,170ng/L 수준의 높은 농도분포를 보였으나, 사고 한 달 후인 2008년 1월에는 그 농도가 급격히 감소하여 모든 해역에서

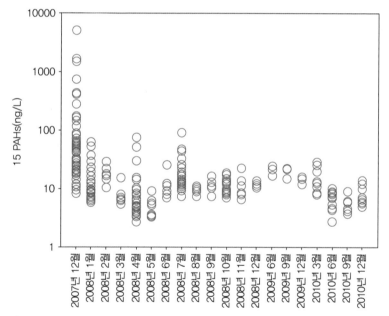

그림 6-3 사고 이후 조간대 해수 내 다환방향족탄화수소(15종 PAHs)의 농도 변화. 사고 한 달 후 그 농도가 급격히 감소한 후 2008년 5월까지 지속적인 감소 양상을 보이다가 같은 해 6월부터는 배경농도 수준에서 소폭의 증감을 반복함

100ng/L 이하의 값을 나타내었다(그림 6-3). 이후 2008년 5월까지 지속적인 감소 양상을 보이다 6월 이후부터 마지막 조사시기인 2010년 12월까지는 일반적으로 연안 및 기수역에서 검출되는 농도와 비슷한 수준에서 소폭의 증감을 반복하였다.

6.1.4 해수 내 PAHs의 위해성평가

유류에 포함되어 있는 PAHs 중 일부는 발암성, 유전독성, 기형유발성 등 다양한 독성을 가지고 있는 것으로 알려졌다. 현재 국내에는 PAHs에 대한 수질기준이 없으나, 미국 환경보호청(EPA)에서는 수계 내 PAHs 오염으로부터 인간을 보호하기 위해 주로 발암성을 근거로 허용기준을 설정하였다. 단, 미국의 관리기준은 담수 환경을 기본으로 담수를 음용수로 사용하고, 서식생물을 섭취하는 조건으로서, 본 연구에서는 최악의 시나리오를 가정하여 해수욕장을 이용하는 관광객이 해수욕 중 해수를 음용수처럼 마시고, 주변의 어패류를 섭취하는 경우 노출될 수 있는 위해도를 평가하였다.

위해성 유무 판단을 위하여 본 조사에서는 2ng/L 이상의 범위에서 가장 높은 빈도수로 검출되는 대표적 화합물인 크리센을 선정하여 EPA의 수질기준과 비교하였다. 2007년 12월에 조사된 태안 조간대 해수 내 크리센 농도는 전체 시료(92개)의 43%에서 미국 EPA 수질기준(3.8ng/L)을 초과하였으며, 초과된 정점은 대부분 사고 초기 유출유에 의해 가장 심하게 오염된 태안반도 지역이었다. 특히 구름포해수욕장에서 가장 높은 농도인 665ng/L를 나타내었으며, 신두리 해안사구(324ng/L), 만리포해수욕장(228ng/L), 개목항(221ng/L) 등에서도 높은 농도 수준을 보여 주었다. 이후 2008년 7월까지도 크리센의 농도는 EPA 수질기준을 초과하는

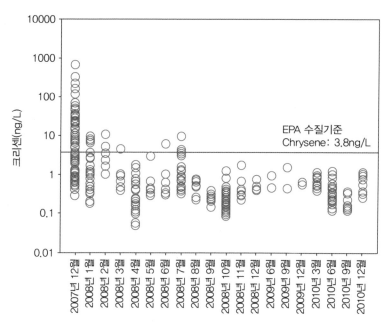

그림 6-4 태안 조간대 해수 중 크리센의 농도분포 변화. 사고 이후 지속적으로 감소하여 2008년 8월 이후에는 조사된 모든 정점에서 수질기준(3.8ng/L)을 초과하지 않는 것으로 나타남

정점이 일부 나타났으나, 2008년 8월 이후에는 조사된 모든 정점에서 EPA 수질기준을 초과하지 않았다(그림 6-4).

6.2 조간대 퇴적물 내 유류계 탄화수소 오염

6.2.1 조간대 퇴적물 표착유

사고 후 해상으로 유출된 기름은 증발, 분산, 용해, 에멀젼 형성 등의 풍화과정을 거치며 해안으로 표착되고, 해안선의 형태, 퇴적물 성상, 방제 등에 따라서 장기적인 거동에 영향을 받게 된다. 해안에 표착한 기름의 장기적인 잔류 및 이에 따른 아치사수준의 생물영향과 연쇄적인 생태계 영향은 1989년 미국 알래스카에서 발생한 엑슨발데즈호 사고에서 지속적으로 조사된 바 있다. 특히, 에너지가 약한 해안인 염습지, 펄갯벌 등으로 유입된 기름의 경우 장기간 분해되지 않고 잔류하면서, 주변 생태계에 영향을 미치는 것으로 알려져 있다. 사고초기 대부분의 사고유가 해안으로 밀려왔으며, 사고에 의해 직접적인 영향을 받은 태안해역의 경우 액상원유 상태로, 충남도서 그리고 전라도 해안 및 도서지역의 경우 타르형태로 영향을 받았다. 긴급방제 종료 후 조간대에 잔류한 사고유는 토착미생물에 의해 생물분해되거나, 저질의 조성에 따라 침강 혹은 퇴적물 이동에 의해 묻혀 표층 하에 잔류하고 있는 것으로 보고되었다. 특히, 가루미와 같은 호박돌 해안의 경우 사고 후 초기 방제작업이 미흡하여

그림 6-5 2009년 6월 방제작업이 진행 중인 가루미 해안. 전형적인 호박돌 해안으로 접근성이 나빠서 초기방제 작업이 미흡했으며, 호박돌 아래 퇴적층에 잔존유가 축적됨(사진: KIOST)

암반하에 잔존한 기름의 방제작업을 2009년 하계까지 진행한 바 있다
(그림 6-5).

6.2.2 조사방법

　조간대 지역의 경우 사고 직후 초기 조사에서는 조사정점 및 시료채
취 빈도수를 높게 조사하여 초기 오염범위 및 오염수준 정도에 관한 정
보를 확보하기 위해 노력했다. 이후 가로림만 입구인 만대에서 안면도까
지 32개 정점에서 계절조사를, 그리고 가장 오염이 심하게 진행된 태안
반도 7개 정점에서 월별조사를 실시했다. 방제가 완료된 이후 퇴적물 내
기름농도가 급격히 감소하고, 분포 또한 불균일한 것으로 나타남에 따라
조사도 오염심각해역을 중심으로, 퇴적물 오염을 반영할 수 있는 공극수
조사를 병행해서 진행했다. 또한 기름 잔존 가능성이 높은 펄갯벌지역의
경우 생태계 조사와 함께 유류오염 정밀조사를 지속적으로 진행하였다.
　퇴적물의 분석항목으로 유류오염 현황을 파악하기 위해서 총석유계
탄화수소(Total Petroleum Hydrocarbons; TPH)를 분석하였다. 또한 퇴적
물 내 잔존유에 의한 독성물질 영향을 파악하기 위해 PAHs를 분석했으
며, 분석대상 PAHs는 미국 EPA의 우선 관리대상 오염물질인 16종 PAHs
와 사고유에 다량 함유되어 있는 알킬 PAHs도 분석했다.

6.2.3 전반적인 오염추세

　사고 초기의 조간대 퇴적물 분석결과 유류오염에 의한 직접적인 영
향을 확인할 수 있었으며, TPH는 최고 $1,630\mu g/g$, 16종 PAHs는 최고
$3,350ng/g$, 알킬 PAHs는 최고 $66,430ng/g$까지 검출되었다. 조간대 퇴적물

내 유류오염은 사고 한 달 이후부터 전반적으로 감소하였으나, 해수 및 생물체와 달리 시간 경과에 따른 농도감소 경향은 뚜렷하지 않았다. 한편, 해안 표착 유류의 공간적인 불균일성, 퇴적물의 입도 및 지역별 방제 현황 등의 영향에 따라 퇴적물의 유류오염은 조사정점 및 시기별로 큰 차이를 보였다. 조간대 퇴적물에서 PAHs의 잔류 농도는 사고 이후 2008년 4월까지 빠르게 감소하였으나, 이후 2011년 6월까지 일정한 농도 수준에서 소폭의 증감을 반복하였다(그림 6-6).

2014년 3월에 조사된 16종 PAHs와 알킬 PAHs 농도는 사고초기 조사 (2007년 12월)에 비해 평균값이 각각 16배와 196배 감소한 12ng/g, 18ng/g이었다. 대부분의 퇴적물에서 50ng/g 이하의 농도 분포를 보였으며,

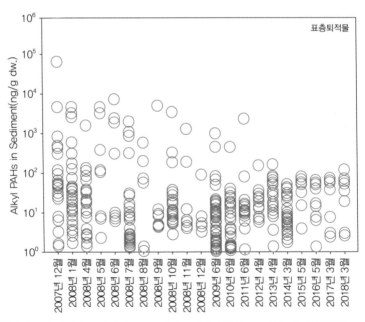

그림 6-6 조간대 퇴적물 내 알킬 PAHs 장기 모니터링 결과. 2008년 4월까지 급격히 감소하였으나, 이후 2011년 6월까지 일정한 농도수준에서 소폭의 변동을 보임

미국 NOAA의 퇴적물 관리기준(4,000ng/g)에 비해 상당히 낮은 수준이었다(그림 6-7). 초기 오염이 심각하였던 10개 정점에서 2018년 3월에 조사된 16종 PAHs와 알킬 PAHs 농도도 각각 24ng/g, 44ng/g 수준으로 감소하였다.

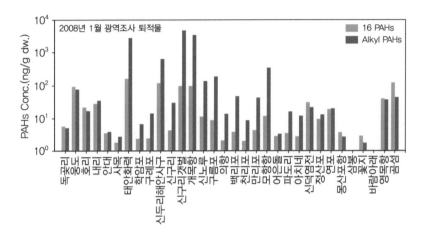

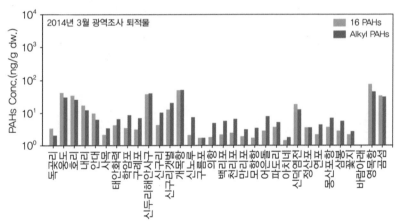

그림 6-7 조간대 퇴적물 내 PAHs의 사고 초기(2008년 1월) 및 2014년 3월 광역조사 결과 비교. 2014년 3월에는 PAHs 농도가 대부분의 정점에서 50ng/g 미만으로서 배경농도 수준으로 회복됨

6.2.4 펄갯벌 집중 모니터링

펄갯벌 지역은 다량의 사고유가 유입되면 상부조간대뿐만 아니라, 갯지렁이, 게 등의 서식굴 속으로 기름이 침투하여 장기간 잔류할 수 있다. 신두리, 소근리, 의항리 갯벌을 중심으로 표층 및 표층하 유류오염 현황을 집중 조사하였다. 사고 직후 신두리와 소근리 갯벌 상부조간대에서 표층하 잔존유가 확인되었으며, 특히, 소근리 갯벌 상부와 중부조간대 일부 지역에서는 액상상태의 원유가 발견된 바 있다(그림 6-8).

그림 6-8 2010년 11월 신두리갯벌에서 발견된 유막(사진: KIOST)

개목항에서는 주로 투석식 굴양식장의 암반 하단에서 잔존유가 확인되었다. 사고 후 약 9년이 경과한 2017년 5월까지 실시한 정밀조사 결과, 주로 갯벌 중·하부 조간대보다는 상부조간대에서 유징이 확인되었다.

상부조간대 중에서 개목항 방조제 북단 상부갯벌, 소근리 인공해안 동남쪽 끝단, 신두리갯벌 남쪽 방조제 석축 인근 상부조간대 등에 국한되어 유징이 일부 관찰되었다(그림 6-9).

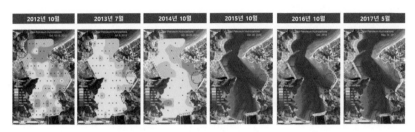

그림 6-9 소근진만 펄갯벌 정밀조사 총유분농도 분포. 초기에는 조하대를 포함한 소근진만 전 해역을 대상으로 조사했으며, 2015년부터는 상부조간대 위주로 조사를 실시함

6.3 사질 해안 퇴적물 공극수 내 유류오염

6.3.1 모래 해안 기름오염 조사

바다에 기름이 유출되면 곧 바람과 해류, 조류 등에 의해서 가까운 해안으로 떠밀려 쌓인다. 해안에 표착된 기름은 다양한 해안방제 작업을 통해 제거될 수 있다. 표층 기름은 제거되어 깨끗해 보이더라도 상당량의 기름 성분이 해안가의 모래, 펄 등 퇴적물 사이로 침투하여 퇴적물 내에 서식하는 생물에게 영향을 미치거나, 퇴적물로부터 서서히 바닷물로 빠져나와 주변에 서식하는 생물에게도 오랜 기간 영향을 미칠 수 있다. 이처럼 퇴적물 내에 남아 있는 기름이 주변 생태계에 미치는 영향을 파악하고 예측하기 위해서는 퇴적물 내 잔류하는 기름의 양을 분석해야 한다. 하지만, 퇴적물 입자가 큰 모래 해안에서는 이러한 퇴적물 분석법을

직접 적용하기에는 어려운 점이 있다. 본 연구에서는 퇴적물 입자 사이에 고여 있는 물(공극수) 속의 기름성분을 분석함으로써 태안 연안 모래 해안의 오염정도, 변화 양상, 회복 정도를 파악하였다.

6.3.2 조사 방법

모래 해안 공극수 조사는 각 조사 지점에서 깊이 약 30cm 깊이의 구덩이를 판 후 바닥에 고이는 공극수를 빛이 차단되는 병에 담은 후 현장 실험시설에서 형광검출법을 이용하여 공극수 내 잔류 기름 농도를 분석하였다. 사고 직후인 2008년 1월부터 2017년 5월까지 만리포, 천리포, 방주골, 의항리, 구름포, 신두리, 학암포, 사목, 꽃지 해수욕장 등 태안지역 해수욕장을 대상으로 정밀조사를 실시하여 시간에 따른 오염분포 변화 양상을 파악하였다.

6.3.3 태안 연안 조간대 공극수 오염 조사

사고 직후 모래 위의 검은 기름이 제거된 후에도 해수욕장 모래 속 공극수 내에는 상당량의 기름이 남아 있었다. 사고 지점에서 가까운 태안반도 학암포 해수욕장에서 파도리 해수욕장에 이르는 집중 피해 지역 해수욕장에서 상대적으로 높은 농도의 기름이 검출되었다(그림 6-10). 이후 기름 농도는 지속적으로 감소하여 대부분의 지역에서 배경농도 수준으로 낮아졌으나, 사고 후 3년이 경과된 2011년 1월에도 일부 지역(구름포, 신노루 해수욕장 등)에서는 사고 초기 수준과 비슷한 높은 농도의 기름이 검출되기도 하였다.

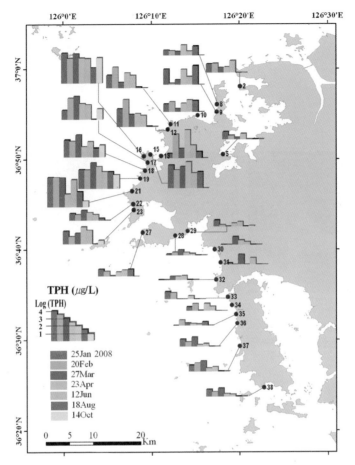

그림 6-10 태안 연안 조간대 모래 해수욕장 공극수 내 유류오염 분포 및 초기 1년간 시간에 따른 변화. 막대의 길이가 길수록 오염도가 높으며, 우측으로 이동함에 따라 시간 경과에 따른 오염도 변화를 나타냄

6.3.4 주요 해수욕장 정밀조사

6.3.4.1 만리포 해수욕장

만리포 해수욕장은 사고 직후 해수욕장 전반에 걸쳐 평균 수천 ppb에 이르는 높은 공극수 오염 수준을 나타내었다. 2008년 4월 집중적인 골파기

방제작업 이후 기름 오염은 지속적으로 감소하였으나, 이후에도 남쪽 방파제 부근에서 기름 오염이 상당 기간 지속되었다. 마지막 조사인 2014년 6월에는 이곳을 포함한 대부분의 지역에서 배경 농도 수준으로 감소하였다(그림 6-11).

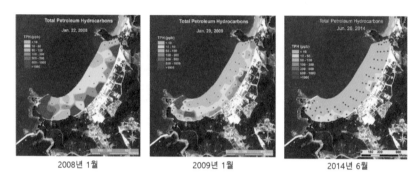

| 2008년 1월 | 2009년 1월 | 2014년 6월 |

그림 6-11 만리포 해수욕장 퇴적물 공극수 중 유류오염(총유분 농도) 분포 및 변화. 붉은 색으로 표시될수록 오염도가 높으며 시간이 지남에 따라 점차 배경농도(하늘색) 지역이 증가함

6.3.4.2 천리포 해수욕장

천리포 해수욕장에서는 2010년 1월과 6월 조사에서 북쪽 방파제 부근에 오염이 집중되어 나타났다. 이후 오염 정도는 현저하게 줄어들어, 2012년 1월 조사에서는 평균 5.3ppb로 대부분의 정점에서 배경농도 수준을 보여 시간에 따른 농도 감소 경향을 잘 보여주었다(그림 6-12).

6.3.4.3 구름포 해수욕장

시간에 따라 지속적으로 유류오염이 감소하였던 만리포, 천리포 해수욕장과는 달리 구름포 해수욕장에서는 사고 이후, 상당히 오랜 기간 동안 뚜렷한 감소추세를 보이지 않았다. 오염분포 또한 특정구역에 집중되지 않고 해수욕장 전반에 걸쳐 높은 오염도를 나타내었다. 2016년 10월 부터는 하부 조간대 위주로 뚜렷이 회복되는 양상을 보였다(그림 6-13).

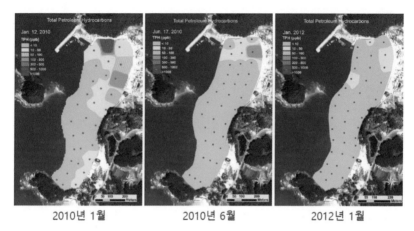

2010년 1월   2010년 6월   2012년 1월

그림 6-12 천리포 해수욕장 퇴적물 공극수 중 유류오염(총유분) 분포 및 시간에 따른 농도 변화

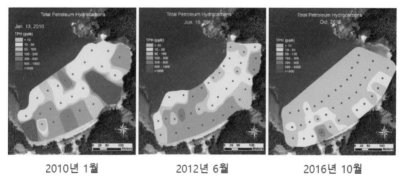

2010년 1월   2012년 6월   2016년 10월

그림 6-13 구름포 해수욕장 퇴적물 공극수 중 유류오염(총유분) 분포 및 시간에 따른 농도 변화

6.3.4.4 신두리 해수욕장

신두리 해수욕장에서는 신두리 펄갯벌과 인접한 모래갯벌 지역 위주로 유류오염이 오랜 기간 지속되었다. 해수욕장 지역은 일부를 제외하고 대부분

지역에서 배경농도 수준의 낮은 오염도를 보였으나 계절적인 모래의 침식/
퇴적 과정 및 인위적인 양빈과정 때문에 공극수 내 유류오염 수준은 변동하며
감소하였다(그림 6-14).

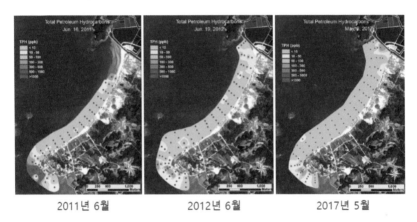

2011년 6월	2012년 6월	2017년 5월

그림 6-14 신두리 해수욕장 퇴적물 공극수 중 유류오염(총유분) 분포 및 시간에 따른 농도 변화

6.4 이매패류 내 유류계 탄화수소 오염

6.4.1 이매패류를 이용한 오염 모니터링

허베이스피리트호 유류오염 사고로 인해 해양환경 내로 유입된 원유
내에는 발암성, 유전독성, 기형유발성 등의 독성을 발현하는 PAHs가 다
량 포함되어 있다. 특히, 사고유인 이란산, 아랍에미레이트산, 쿠웨이트
산 원유에는 16종 PAHs 및 알킬 PAHs가 최고 1%까지 포함되어 있다.
환경 내에 잔류한 PAHs는 지속적으로 해수 중으로 유입되며 주변생물
에 축적이 되고, 장기간 유해한 영향을 미치게 된다. 국내에서는 현재까
지 대부분 독성이 알려져 있는 16종 PAHs를 기준으로 독성이 평가되고

있지만 원유 내에 다량 포함된 알킬 PAHs 또한 유사한 독성을 나타내고 있음이 최근 연구를 통해 밝혀지고 있다.

이매패류, 특히 굴이나 담치의 경우 오염물질에 대한 대사능력이 부족하고 전 세계 해양에 널리 분포하기 때문에 오염을 연구하기 위한 생물감시종으로 널리 이용되고 있다. Goldberg(1975)가 제안한 담치감시프로그램(Mussel Watch)은 큰 반향을 얻었으며, 세계적으로 오염을 모니터링하기 위한 표준화된 접근방법으로 활용되고 있다. 특히, 우리나라와 일본과 같이 1인당 해산물 소비량이 많은 국가의 경우 이매패류는 오염의 지시종일 뿐만 아니라 중요 수산물로서의 역할을 한다. 태안지역의 경우 신두리 앞바다를 중심으로 다수의 굴양식장이 있으며, 전 해안에 걸쳐서 굴이 서식하고 있다. 본 조사에서는 환경 내 주요 매질로써 이매패류, 어류 등에 축적된 PAHs의 공간적인 분포특성 및 장기간에 걸친 변동특성을 파악하고, 이들이 잠재적으로 인체에 미칠 수 있는 영향에 대해 파악하고자 하였다.

6.4.2 굴 체내 유류계 PAHs 오염

2007년 12월 초기 조간대 조사(30개 정점) 결과 굴 체내의 알킬 PAHs 농도는 사고 이전 만리포(2001년, 207ppb) 대비 약 40~500배 이상 높은 값을 보였다. 2008년 1월 이후 실시된 계절별(30개 정점) 및 월별(7개 정점) 조간대 굴 체내의 알킬 PAHs 농도는 시간의 경과에 따른 지속적인 농도감소를 보였으나, 2008년 12월까지 오염 심각해역에서 사고 이전과 비교하여 여전히 높은 값을 보였다.

2009년 2월부터 2010년 6월까지 진행된 오염 심각해역 계절조사 결과 굴 체내 알킬 PAHs의 평균농도는 934ng/g 수준이었다. 전반적인 굴 체내

PAHs 농도는 사고 이후 지속적으로 감소하는 경향을 보였으며, 굴의 생식주기와 연관된 계절적인 변동특성을 보였다. 대부분의 해수욕장 정점들은 사고 이전 수준에 근접하는 계절변동을 나타냈지만, 가루미, 소근리갯벌, 신두리갯벌, 신두리해안사구 그리고 모항에서는 다른 정점들에 비해 연중 높은 오염도를 보였다. 특히, 2009년 6월에도 방제작업이 진행되었던 가루미에서는 사고초기와 유사한 수준의 오염도(22,400ng/g)를 보였다. 사고 후 약 10년이 지난 2018년 3월 오염 심각해역 조사 결과 알킬 PAHs 농도는 평균 556ng/g으로써 모든 조사 정점에서 사고 이전 또는 배경농도 수준으로 감소하였다(그림 6-15).

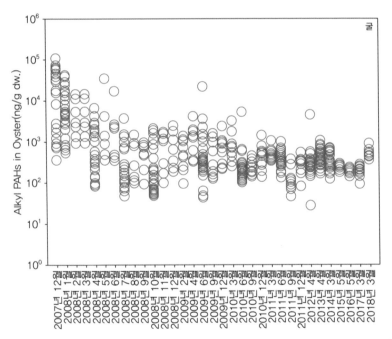

그림 6-15 태안 연안 굴 체내 PAHs의 시간에 따른 농도 변화. 사고 이후 지속적으로 감소하여 대부분의 정점에서 사고 이전 수준에 근접하는 계절변동을 나타냄. 단, 일부 정점(가루미, 소근리갯벌, 신두리갯벌 등)에서는 다른 정점들에 비해 간헐적으로 높은 오염도를 보임

6.4.3 기타 이매패류 체내 유류계 PAHs 오염

사고 이후 태안 근소만 마금리에서 채취된 바지락 체내 알킬 PAHs 농도는 사고 초기에 최고 4,900ng/g까지 검출되었으나, 이후 지수함수적으로 감소하여 2008년 5월 이후에는 150ng/g 수준에서 안정화되는 경향을 보였다(그림 6-16).

2008년 4월 실시된 침강유 조사 시 채취된 조하대 일부 정점의 패류(키조개, 피조개 등), 연체동물(주꾸미), 갑각류(게) 시료에서도 사고유의 영향이 확인되었다. 이는 조하대 퇴적물의 유류오염 분석결과와 일치하는 것으로 사고해역의 조하대 저서생물이 사고 초기에 수층으로 분산된

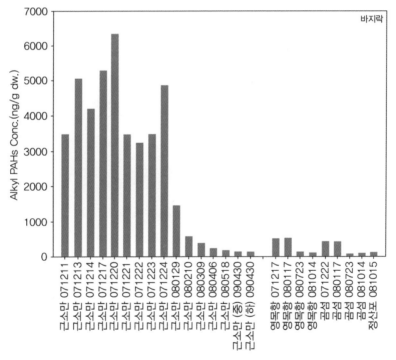

그림 6-16 사고해역 갯벌 바지락 체내 유류계 PAHs의 시간에 따른 농도 변화

유류에 노출되었음을 나타낸다. 이후 2009년 6월 실시된 침강유 조사에서 채취된 조하대 패류에서는 이전조사에 비해 농도가 크게 감소한 것으로 나타났다(그림 6-17).

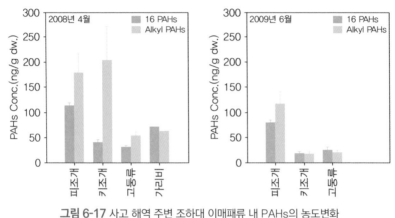

그림 6-17 사고 해역 주변 조하대 이매패류 내 PAHs의 농도변화

6.4.4 인체위해성 평가

유류오염 지역의 수산물의 섭취를 통한 인체위해성은 유류 성분 중 독성물질인 PAHs의 수산물 내 농도를 벤조[a]피렌 등가치(equivalent)로 환산하여 평가하였다(미국 환경청 방법). 사고해역의 조간대 및 조하대에서 채집된 수산생물의 인체위해성 평가 결과, 조간대 서식 굴은 사고 초기(2007년 12월)에 다수의 정점에서 기준치(3.35ppb)를 초과하였고, 2008년 5월까지 기준치 초과하는 지역이 존재하였다. 그러나 2008년 6월 이후 조간대 모든 조사 정점의 굴 내 PAHs 농도는 인체위해성 기준치 이하 값을 보였다. 한편 전 조사시기에 정치망, 트롤, 형망 등으로 채취된 조하대 어패류 시료에서는 유류오염의 징후는 있었으나, PAHs 농도는

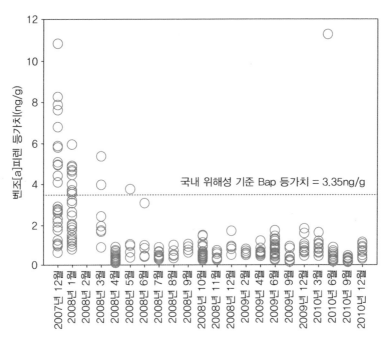

그림 6-18 사고 이후 태안 조간대에서 채취된 굴에서의 벤조[a]피렌 등가치의 시간에 따른 변화

인체위해성 기준치 이하 값을 보였다(그림 6-18).

6.4.5 유지문 분석

일반적으로 유지문 분석은 주로 기름 자체나 퇴적물을 대상으로 한다. 생물시료의 경우 체내 대사작용, 생식주기 등에 따라서 오염물질의 축적 양상이 달라지므로 일반적으로 오염수준 파악만 가능한 것으로 알려져 있다. 그러나 본 조사의 장기적인 모니터링 결과 체내 농도가 일정 수준 이상이고, 산란주기를 파악할 수 있다면 굴도 유지문 분석용으로 사용 가능함을 확인하였다. 유지문 분석결과(이중지수 이용) 굴 체내 잔존 유류는 사고유와 동질유로 판별되었으며, 2008년 12월까지 지속적인 사고유의 영향이 확인되었다. 바지락에서도 사고 초기 시료들에서 굴과 유사한 유지문을 확인할 수 있었다(그림 6-19).

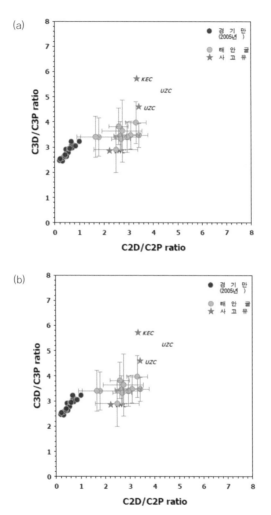

그림 6-19 사고유와 이매패류 내 알킬 PAHs 유지문 비교(a) 사고 이후 태안에서 채집된 굴 체내 유지문과 사고 이전 경기만에서 채집된 이매패류 내 유지문 비교,
(b) 사고 이후 근소만에서 채집된 바지락에서의 유지문)

Chapter 7 생물독성 영향평가

7.1 유류오염 해역의 생물독성 평가

해양에서 발생한 유류 유출사고에 따른 환경오염을 종합적으로 평가하기 위해서는 6장에서 제시한 유출유 성분에 의한 다양한 환경매질(예: 해수, 퇴적물, 생물)에서 화학적인 오염의 수준과 특성의 공간적인 범위와 시간적 변동을 밝히는 것이 1차적으로 필요하다. 유출유의 시공간 분포와 특성 자료 확보와 병행하여 반드시 필요한 것이 오염해역 서식 생물들에 대한 독성영향이다. 즉, 화학적 오염은 되었는데, 현재 오염 수준이 서식 생물에게 독성학적인 악영향을 주고 있는가?라는 질문에 답을 함께 제공해야 되기 때문이다. 생물독성에 대한 과학적 정보는 화학적인 오염자료와 함께 방제의 우선순위와 범위 같은 방제전략의 의사결정뿐만 아니라 향후 오염해역의 회복 여부를 판단하고 환경복원 전략을 수립하는 데 필수 요소 중 하나이다. 허베이스피리트호 유류 유출사고의 유류오염 사고 현장에 대한 생물독성 평가 연구도 다양하게 수행되었으며,

몇 가지 대표 사례를 제시하고자 한다.

허베이스피리트호 유류 유출사고의 경우 해수보다 밀도가 낮은 원유의 유출로 사고 초기에 해수 표면에 부유한 대규모의 유출유가 태안반도 해안에 표착하여 주로 모래로 이루어진 해변을 광범위하게 오염을 시킨 것이 특징이다. 유류가 가진 소수성의 특성으로 퇴적물에 흡착한 독성성분은 해수와 대비하여 장기간 잔류하며, 특히 퇴적물 입자 사이의 공극을 통해 퇴적물 속으로 스며든 유류성분은 표층보다 더 오래 잔류하는 특성이 있다. 아울러 유출유 일부는 펄질 퇴적물로 이루어진 갯벌 조간대로 유입되었는데, 그 양은 전반적으로 모래 조간대보다는 적었으나, 퇴적물 특성에 따른 유류오염의 잔류와 독성에 미치는 영향에 대한 논란이 존재하여 두 지역의 독성 비교의 필요성도 대두되었다. 따라서 첫 번째로 허베이스피리트호 사고의 경우 모래와 펄 조간대 해변 퇴적물의 단각류에 대한 생물독성 평가 연구가 광범위하게 진행되었고 의미있는 결과를 도출하였다. 두 번째로, 위와 동일한 시기와 지점에서 채취한 공극수에 대한 어류 수정란 부화 영향 평가도 수행되었다. 이 역시 오염평가와 방제 여부 결정에 매우 중요한 근거를 제공하였다. 세 번째로 위의 독성시험 결과를 동일한 시료의 PAHs의 오염 자료와 결합하여 종합적인 퇴적물의 생태위해성 평가를 시행하였다. 이는 유류오염 조간대 퇴적물의 오염회복 여부와 방제 지속 여부를 결정하는 데 매우 중요한 과학적 근거로 활용되었다. 네 번째로 조간대 서식 패류에 유류성분의 잔류가 지속되는 것을 확인하였기에 참굴에 대한 건강성을 평가하였고, 조간대 오염회복 여부를 평가하는 데 중요한 정보로 활용되었다. 마지막으로 해수 중으로 자연 용해되었거나 방제를 위해 사용된 유처리제에 의해 해수로 분산된 유류의 직간접적 섭취에 의한 조하대 어류의 건강성을 평가하였다. 장기 모니터링 결과에서 유류오염이 빠르게 감소한 해수와 다르게 초기에 노출된 어류의 유류노출의 생체지표(biomarker)는 꽤 오랜 기간 영향을 받고 있음을 보여줘 해수 중 화학오염 자료만으로 해수 환경을 평가하는 것은 한계가 있다는 것을 보여주었다. 위 4가지 사례에 대한 주요 결과를 아래에 자세히 설명하였다.

7.2 퇴적물 단각류 독성 평가

독성실험은 "어떠한 물질이 살아있는 생물에게 미치는 악영향을 표준조건에서 동일한 생물에게 미치는 영향과 비교하여 상대적으로 평가하기 위한 실험"으로 정의하고 있다. 이때 표준조건이란 악영향을 알아보고자 하는 물질이 전혀 포함되지 않은 조건을 의미하며 일반적으로 이러한 조건에서 수행하는 실험단위를 '대조구'라 부른다. 물질이 생물에게 '영향'을 미치면 생물은 이에 대해 '반응'을 나타낸다. 생물이 물질에 대한 반응을 나타내기 위해서는 생물체가 물질과 접촉하여야 하는데 이 과정을 '노출'이라 하며 독성실험에서 필수적인 요소이다.

단각류 퇴적물 독성 평가는 퇴적물 자체가 갖고 있는 독성의 직접적 영향을 알아보기 위하여 실험생물인 단각류를 10일간 현장에서 채취한 퇴적물에 노출한 후 각 현장 퇴적물과 대조구에서의 생존율 또는 사망률을 비교하여 생물영향을 평가하는 시험법이다. 단각류는 절지동물 갑각강에 속하는 한 목의 생물무리로 몸이 옆으로 납작하여 옆새우류로 분류하기도 한다. 몸길이는 0.1~60mm로 아주 다양하며 머리, 가슴 그리고 배의 3부분으로 나뉜다. 머리 앞 끝에 2쌍의 촉각과 1쌍의 자루없는 겹눈을 갖고 있다. 대부분이 바다산이며 조간대 상부에서 심해까지 분포한다.

허베이스피리트호의 유류 유출사고 후인 2008년 3월부터 2010년 1월 까지 단각류를 이용하여 유류오염 지역 현장 퇴적물 독성영향의 시공간 적 변화를 평가하였다. 조사 진행 중 동일 지점의 시료에서 독성영향이 더 이상 나타나지 않는 지역은 제외시켰고 독성영향이 예상되는 지역은 추가조사 하였다. 독성 실험용 단각류(*Monocorophium acherusicum*)는 인천광역시 대부도 갯벌지역에서 선별하여 실험에 사용하였다(그림 7-1). 채취한 유류오염 지역의 퇴적물에 시험생물을 10일간 노출하였고 생물 의 반응으로 사망을 관찰하였으며 유류오염이 없는 지역(인천광역시 영 종도) 퇴적물을 대조구로 사용하였다.

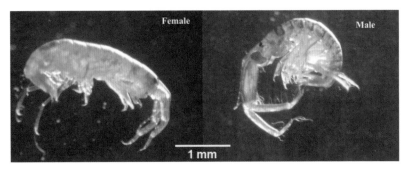

그림 7-1 단각류 *Monocorophium acherusicum*의 성체(좌: 암컷, 우: 수컷)(사진: 네오엔 비즈)

연성조간대 모래 퇴적물에서 유출사고 초기 단각류의 사망률은 최고 80% 이상으로 아주 높게 나타났으나 시간이 지남에 따라 감소하는 경향 을 보였고 사고 후 7개월이 경과한 2008년 7월 조사 시 한 개 지점을 제외한 모든 조사지점에서 독성영향이 나타나지 않았다(그림 7-2. 모래 지역). 연성조간대 갯벌지역 펄질 퇴적물에서 단각류 사망률은 두 가지

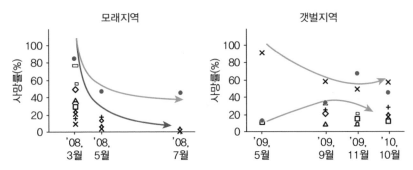

그림 7-2 유류 유출사고로 오염된 태안지역 모래사장과 갯벌지역에서 채취한 퇴적물에 대한 단각류(*Monocorophium acherusicum*) 시간 경과에 따른 사망률 변화. 화살표는 사망률의 증감을 나타냄

형태로 구분되는 경향을 보였다(그림 7-2. 갯벌지역). 시료에 따라 사고 초기는 물론 2010년 1월까지 대조구와 비교하여 유의하게 높은 사망률을 나타낸 그룹과 낮은 독성을 보이는 두 그룹으로 나뉘었다. 이 결과는 공극이 치밀하고 유류 성분의 흡착력이 강한 펄질의 퇴적물에서 유류 성분의 이동성이 제한되어 모래질 퇴적물에 비해 오염이 매우 국지적으로 잔류하고 있음을 시사한다. 퇴적물 독성영향의 지역적 양상은 연성조간대 모래지역에서 나타날 수 있는 독성영향보다 연성조간대 갯벌지역에서 독성영향이 더 많이 관찰되었다. 모래지역의 생태독성 영향에 대한 시간적 변화추이는 유류 유출사고 8개월 후 급속한 독성영향의 감소를 보였다. 하지만 초기 방제가 지연되어 잔존유가 상부 조간대 등에서 관찰된 일부 지점(예: 구름포, 신두리)에서의 독성영향은 지속적으로 관찰되었다. 유출유 중 일부가 유입되어 표착한 갯벌지역(예: 의항리, 소근리)의 생태독성 영향은 사고 이후 2010년 1월 조사시점까지 감소 및 증가의 경향성 없이 지속적으로 나타나 독성의 잔류시간은 모래지역보다 긴 것으로 확인되었다. 이는 펄질의 갯펄 조간대로 유출유가 유입된 경우 방제할

방법이 매우 제한적이고, 모래질에 비해 펄질의 퇴적물에 유류 내 주요 독성성분인 PAHs 같은 물질의 잔류 기간이 긴 것을 반영하는 결과이다.

7.3 퇴적물 공극수 독성 평가

퇴적물 내의 공극수에 녹아있는 용존상 독성물질의 직접적 영향을 알아보기 위하여 어류의 수정란을 공극수에 노출한 후 공극수와 대조구에서 부화율을 비교하였다. 공극수는 퇴적물을 구성하는 입자 사이의 틈(공극)을 채우고 있는 물로 독성영향을 알아보기 위하여 성게의 수정률, 어류의 수정란 부화율 실험 등 시험생물의 초기생활사를 주로 이용한다. 퇴적물로부터 추출되는 공극수 시료의 양은 다른 환경시료보다 적으며 다량의 공극수 확보는 용이하지 않기 때문에 적은 양의 시료로 시험이 가능한 방법들이 활용된다. 성게를 이용한 실험은 시험생물의 자연적 산란기에만 가능하다는 단점으로 지속적으로 오염을 평가해야 하는 유류 유출사고 오염해역의 평가에는 적합하지 않기에 허베이스피리트호 경우에는 어류의 수정란을 이용하였다.

시험생물로 사용된 양두모치(sheepshead minow)는 학명이 *Cyprinodon variegatus*로 척추동물문(Vertebrata), 경골어상강(Osteichthyes), 조기어강(Actinopterygii)의 몸길이 최대 9cm(전 체장)의 작은 물고기이다. 미국과 북동 멕시코에 주로 서식한다. 수명은 약 2년, 부화 후 3개월 정도면 성적으로 성숙하고 한번에 10~30여 개의 알을 낳는다. 생태독성학적 국제 표준 시험생물로 널리 이용되고 있으나 국내에는 서식하지 않는 종이다(그림 7-3). 양두모치 수정란에 대한 독성시험은 앞의 7.2절의 퇴적물의 단각류 독성 평가와 동일한 지점과 시기에 채취한 공극수를 시료로 활용하였다.

채취된 공극수에 양두모치의 수정란을 노출하였고 생물의 반응으로 정상적인 부화 여부를 관찰하였으며(그림 7-3) 유류오염이 없는 지역(인천광역시 영종도) 퇴적물에서 추출한 공극수를 대조구로 사용하였다.

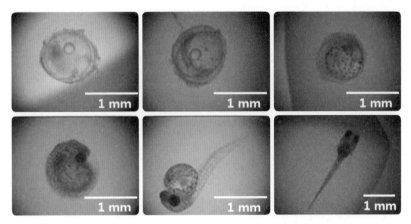

그림 7-3 독성시험에 사용된 양두모치(*Cyprinodon variegatus*)의 수정란과 정상적인 발생과정
(사진: 네오엔비즈)

유류 유출사고 초기 연성조간대 모래 퇴적물 공극수에서의 양두모치 수정란 부화율은 최저 0%부터 최고 70% 수준으로 대조구 대비 유의하게 감소한 부화율을 보였다. 특히, 사고 후 7개월이 경과한 2008년 7월 조사 시 유류가 오래 잔존한 지역(구름포, 신두리)에서는 20% 수준의 매우 낮은 부화율을 보였으며, 나머지 지점에서는 부화율이 80% 이상으로 대조구와 유의한 차이를 보이지 않는 정상적인 발생이 이루어졌다(그림 7-4. 모래지역). 펄질 퇴적물의 갯벌지역은 퇴적물 단각류 독성과 마찬가지로 초기 조사 시 유출유에 오염된 지역이었으나 어류 부화율에 영향이 없었던 지점과 대조구와 비교하여 유의하게 낮은 부화율을 보인 지점으로 구분되었다(그림 7-4. 갯벌지역). 공극수 생태독성 영향 역시 모래

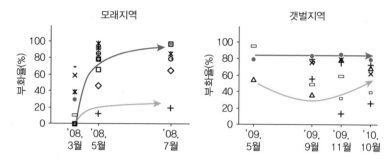

그림 7-4 유류 유출사고로 오염된 태안지역 모래사장과 갯벌지역에서 채취한 공극수에 대한 어류(*Cyprinodon variegatus*) 수정란의 시간 경과에 따른 부화율 변화. 화살표는 부화율의 증감을 나타냄

퇴적물 지역에 비해서 펄 퇴적물 지역에서 더 지속적으로 나타났다.

7.4 퇴적물 생태위해성 평가

허베이스피리트호 유류 유출사고 오염 해역의 주변 퇴적물을 대상으로 생태위해성 평가를 그림 7-5에 제시한 절차에 따라 수행하였다. 생태위해성 평가는 대상 오염물질의 화학적인 오염 자료(노출평가)와 생물독성 평가(영향평가)의 자료를 종합하여 현장의 오염 수준이 생태계에 위해한 영향을 미칠 수 있는 수준인지 여부를 수치화하여 정량적 제시하는 것으로 방제와 환경복원 등 중요한 정책결정에 매우 중요하게 활용될 수 있다.

생태독성 영향평가에서는 국내 서식종을 대상으로 개별 실험을 통해 구해진 PAHs에 대한 생물별 정량적 구조활성관계와 종민감도분포를 이용하여 급성무영향예측농도(PNEC$_{ACUTE}$) 값을 산출하였다. 급성독성/만성독성 비를 이용하여 만성무영향예측농도(PNEC$_{CHRONIC}$)를 산출하였고, 평형분배계수를 이용하여 퇴적물에서의 무영향예측농도(PNEC)를 도출

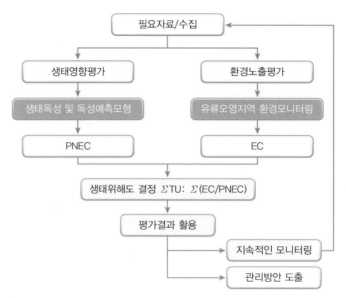

```
                    ┌─────────────────┐
                    │   필요자료/수집    │ ◄──────────────────┐
                    └─────────────────┘                      │
                       │           │                         │
                       ▼           ▼                         │
            ┌──────────────┐   ┌──────────────┐              │
            │   생태영향평가   │   │   환경노출평가   │              │
            └──────────────┘   └──────────────┘              │
                    │                  │                     │
                    ▼                  ▼                     │
       ┌─────────────────────┐  ┌─────────────────────┐      │
       │  생태독성 및 독성예측모형  │  │  유류오염지역 환경모니터링 │      │
       └─────────────────────┘  └─────────────────────┘      │
                    │                  │                     │
                    ▼                  ▼                     │
            ┌──────────────┐   ┌──────────────┐              │
            │     PNEC     │   │      EC      │              │
            └──────────────┘   └──────────────┘              │
                    │                  │                     │
                    └────────┬─────────┘                     │
                             ▼                               │
            ┌──────────────────────────────────┐            │
            │  생태위해도 결정 ΣTU: Σ(EC/PNEC)      │            │
            └──────────────────────────────────┘            │
                             │                               │
                             ▼                               │
                    ┌─────────────────┐                      │
                    │   평가결과 활용    │                      │
                    └─────────────────┘                      │
                          │                                  │
                          ├──────────►┌─────────────────┐     │
                          │           │  지속적인 모니터링  │─────┘
                          │           └─────────────────┘
                          └──────────►┌─────────────────┐
                                      │   관리방안 도출    │
                                      └─────────────────┘
```

그림 7-5 유류오염 지역 다환방향족탄화수소(PAH)의 생태위해성 평가 절차 흐름도

하였다. 환경노출 평가에서는 실제 유류오염 지역 퇴적물의 독성평가 결과를 바탕으로 구축된 데이터베이스로부터 PAHs의 영향농도(EC) 값을 도출하였다. 최종적으로 개별 PAH 화합물의 독성값의 합인 유해지수(ΣTU)가 1을 초과하는 경우 생태위해성이 있는 것으로 간주하였다. ΣTU가 1보다 큰 경우에는 위해 가능성에 대해 판단할 수 있는 충분한 자료가 마련되어 있는지 검토하여야 하고 모니터링의 보완 등 추가적 조치의 수행이 필요하다.

태안지역 퇴적물 조사 정점의 총 PAHs의 연도별 결과 중 가장 높은 값을 대상으로 급성, 만성 ΣTU를 산정하여 비교하였다(그림 7-6). ΣTU 모형으로 산출된 급성 값 중 1을 초과하는 지점은 신두리 해안사구, 구름포 조사 지점에서 사고 발생 이후 2년 이내(2007~2009년)에 ΣTU 값이 1을 초과하였다. 주요 조사 지점 외 ΣTU 값이 1을 초과한 지점인 태안화력과

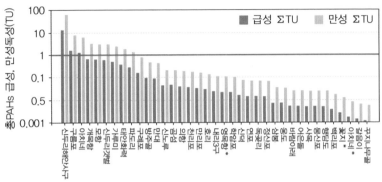

(2007~2009년 조사 결과에서 최곳값을 나타냄. 그외 연도에서 최곳값을 보인 지역은 * 로 표지함)

그림 7-6 태안지역 정점별 급성, 만성 ΣTU 값 비교

아치네 정점이었으며, 만성 값 중 1을 초과하는 지점은 신두리 해안사구, 구
름포, 아치네, 개목항, 모항, 신두리갯벌, 가루미, 태안화력, 파도리 등이었다.
생태위해성이 가장 높게 나타난 곳은 신두리 해안사구로 급성 ΣTU=13.8, 만
성 ΣTU=66.7이었다. 조사 정점 중 오염도 혹은 독성이 심한 지점을 대상으로

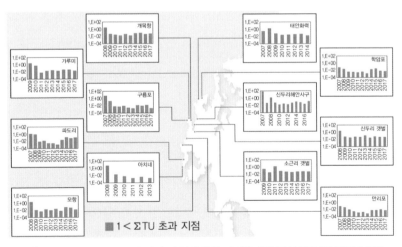

그림 7-7 태안지역 주요 조사 지점 및 독성 발현 지점에 대해 만성 ΣTU의 연도별 변화

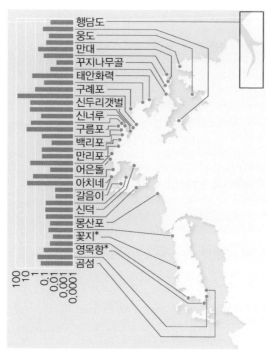

그림 7-8 태안지역 사고 지점을 기준으로 한 정점별 만성 ΣTU 비교

연도별 만성 ΣTU를 비교하였다(그림 7-7). 대부분 정점 역시 사고 발생 이후 2년 이내(2008년) 값에서 최곳값을 나타냈다.

사고 발생 지점에 가장 근접한 만리포 정점을 중심으로 다른 정점들의 TU 분포를 비교하였다(그림 7-8). 만리포 정점을 기준으로 북쪽에 위치한 정점들이 남쪽에 위치한 정점들에 비하여 ΣTU 값이 약 5.8배 높았다. 단, 신두리 해안사구 정점의 값이 다른 정점에 비해 수십에서 수백 배로 월등히 높아 해당 정점을 제외하면 북쪽에 위치한 정점들이 남쪽에 위치한 정점들에 비하여 ΣTU 값이 약 1.5배 높았다. ΣTU 결과만을 두고 보면 유류 사고 발생 이후 해안선을 따라 남쪽보다 북쪽에 위치한 지역에서 생태위해성이 상대적으로 높다는 것을 알 수 있다. 이는 조간대에 표착한 유출유의 양을 정량화할 수는 없었으나, 전반적으로 유류 표착의 정도가 아치네 포함 태안반도 북쪽 해변이 심했던 상황을 잘 반영하는 결과에 해당한다.

7.5 조간대 이매패류 건강성 평가

조간대에 서식하는 저서동물 중 이매패류와 고둥류는 어류나 다른 저서동물에 비해 활동범위가 제한적이며 환경오염물질에 노출된 정도를 조직세포나 생리에 잘 반영하기 때문에 환경 지표종으로 널리 이용되고 있다. 특히 굴, 담치, 바지락 등의 이매패류는 여과섭식을 하는 고착성 동물로서 환경오염 연구에 좋은 지표종이며, 유류사고 및 연안환경 오염 시 이들을 통해 간접적인 피해까지 유추해 볼 수 있다.

해양 생물을 이용한 건강성 평가는 유류 유출사고 해역의 환경오염 평가에서도 유용하게 활용되고 있다. 유류에 노출된 환경 스트레스에 대한 저서동물의 반응을 측정하기 위한 다양한 기술들이 개발되었으며, 그 결과들은 해양환경과 생물의 건강정도를 측정하는 지표로 이용되고 있다. 해양 저서동물의 건강도 판정을 위하여 조직병리학적 관찰, 생리·생화학적 변화 분석 등의 다양한 방법이 해양환경의 장·단기적 변화를 측정하는 데 널리 이용되고 있다. 또한 저서동물 혈구세포의 각종 면역 기능의 활성도를 측정하는 세포수준의 진단법이 개발되어 해양환경 변화를 진단하는 방법이 이용되고 있다.

허베이스피리트 유류 유출사고가 발생 후 2년이 경과한 시점에서 조간대 참굴 체내에 잔존하는 알킬 PAHs 성분은 뚜렷하게 감소하는 경향을 보였으나(6장 결과 참고), 비교 가능한 동일해역의 참굴 중 알킬 PAHs의 배경농도 자료가 부재하여 참굴의 오염 회복과 건강 여부에 대한 의문이 제기되었다. 따라서 사고 후 약 2년이 경과한 시점부터 태안 구례포에 서식하는 참굴(*Crassostrea gigas*)의 건강도를 월별 모니터링하였다. 건강도 비교를 위하여 유류오염의 영향이 없는 지역인 인천 종현에 서식하는 자연산 참굴을 대조군으로 선정하였다. 참굴의 건강성 평가를 위하여 비만도 조사, 번식주기 조사, 조직병리학적 조사, 체조성분 분석 및 혈구 면역력 측정을 하였다.

오염해역 참굴의 비만도와 조직병리적인 결과는 대조구와 비교하여 유의한 차이를 보이지 않았지만, 주요 저장에너지원인 탄수화물 함량이 유류오염 지역의 참굴에서 낮은 것으로 관찰된 점은 번식이나 생존에 필요한 에너지 공급에 문제가 있을 것으로 해석될 수 있다. 두 지역의 번식주기를 비교했을 때, 유류오염 지역의 참굴은 대조구 지역의 참굴에 비해 생식소 발달이 약 한 달 정도 지연되고 있었다(그림 7-9). 이는 유류오염 지역에 서식하는 참굴에서 생식소 발달에 필요한 충분한 에너지가 제공되지 않고 있음을 추론할 수 있다. 산란활동에서도 유류오염의 영향이 없는 지역에 비해 다소 늦어지는 경향을 보였다. 패류는 일정한 고수온에 이르면 산란이 이루어지는 점으로 미루어 보아 비오염지역보다 남쪽에 위치한 유류오염 지역의 참굴 산란이 더 늦어지는 점은 수온 변화를 우선 고려해야 할 것으로 보인다. 참굴의 혈구 면역력은 오염지역과 비오염지역 간의 유의적 차이는 관찰되지 않았으나 오염지역 참굴의 혈구 사망률이 높았으며 혈구의 면역작용 중에 가장 중요한 식세포 능력이 낮게 나타났다(그림 7-10). 참굴의 전반적인 건강도 평가의 결과, 유류오염

지역에 서식하는 참굴이 전반적으로 건강도가 낮은 것으로 평가되었다.

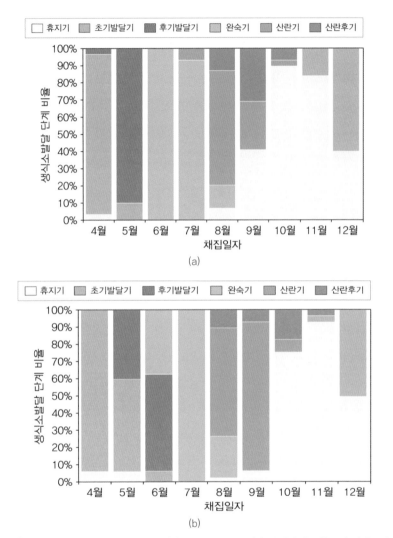

그림 7-9 유류오염의 영향이 없는 지역(a)과 유류오염 지역(b)에 서식하는 참굴의 번식주기

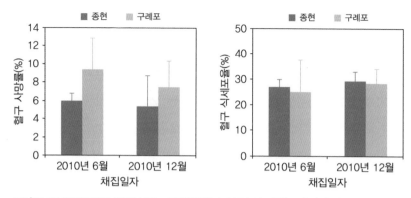

그림 7-10 유류오염의 영향이 없는 지역(종현)과 유류오염 지역(구례포)에 서식하는 참굴의 혈구사망률과 식세포율

7.6 현장어류 독성영향 평가

해양환경으로 유출된 유류는 현장에 잔류하면서 서식 생물에 대하여 직간접적으로 지속적인 악영향을 미친다. 1998년 엑슨발데즈호 유출사고나 2010년 딥워터호라이즌호 사고 등 대규모 유류 유출사고의 사례에서도 유출유의 종류, 노출 농도, 노출된 생물의 종 특이성에 따라 생물영향의 정도가 매우 다양하다는 것을 보여주고 있다. 유출유에 대한 노출의 정도에 따라서 생물의 치사가 발생할 뿐만 아니라, 치사량 이하의 농도 수준에 노출될지라도 생물의 항상성 등이 교란되어 건강한 생애주기를 보내지 못하고 생식이나 면역계로까지 영향이 확장되면서 결국에는 개체나, 군집 수준의 영향을 초래할 수 있다. 이는 유류 유출에 따른 생물 영향을 평가하기 위해서는 사고 초기의 급성독성의 평가지표뿐 아니라 동시에 아치사 수준의 생리화학적 모니터링 지표가 만성적인 영향평가에 매우 중요한 요소임을 보여주는 예라고 할 수 있다.

일반적으로 생물은 외인적 요인(자극, 오염) 등으로 인해 세포 내 유전자, 단백질, 효소 수준의 초기반응을 일으키게 되며 점차 면역계, 생식계 등을 포함한 '계(system)'의 영향으로 확장되므로 원인과 결과가 비교적 명확한 인과관계를 보인다. 해양 어류는 오염된 먹이나 서식환경(오염된 해수 또는 퇴적물)으로부터 생체 내로 유류가 유입되며, 노출의 정도에 따라 대사장애를 비롯하여 유영과 면역능력 상실 등을 초래하기도 하여 극단적으로는 폐사에 이르기도 한다. 최근에는 치명적 독성영향에 이르기 이전 단계에 노출된 생물의 체내 대사작용의 이상 변화를 감지하는 민감하고 특이성 높은 기법으로서 생체지표를 개발하여 적용하고 있는 추세이다. 분자·생리 화학적 생체지표 진단기법은 향후 생물개체군의 감소 등과도 밀접한 연관을 가지는 것으로 보고되고 있어, 조기에 생물영향 여부를 진단하는 기법으로 유용하게 활용되고 있다.

허베이스피리트호 유류 유출사고 환경오염 평가 연구에서는 사고 직후인 2007년 12월부터 2017년 5월까지 10년간 유출사고 인근 해역인 소원면 의항리(개목항) 지역의 조피볼락과 같은 우점 어종들을 채집하여 장기적인 영향의 변동을 평가하였다. 아울러 2008년 4월과 2009년 6월 2회에 걸쳐 총 유출유가 확산되었던 11개 지역에서 형망으로 현장에 서식하는 저서 어류를 채집하여 해양에 잔존할 수 있는 유출유로 인한 어류의 시공간적 노출영향 평가를 실시하였다. 사고에 직접적으로 영향을 받지 않은 대조지역으로서 외연도 외해역의 동일종을 채집하여 비교하였다. 어류의 생체 내 유출유 노출 여부를 신속하고 간단하게 진단할 수 있는 담즙 대사물질(1-OH-pyrene)과 유류 중 독성물질의 체외 배출반응으로 인하여 어류의 간에서 발현량이 증가하는 해독효소계(Ethoxyresorufin-O-Deethylase; EROD)를 가장 대표적인 유류노출 생지표로 사용하였다.

2007년 12월 사고 직후 의항리에서 채집된 조피볼락 담즙의 대사물

질과 간 조직 중 해독효소계의 반응은 급격하게 증가하였다(그림 7-11).

담즙 대사물질은 2008년 11월까지 예외적으로 매우 높은 수준을 유지하

였고, 간 해독효소계의 경우 2008년 2월까지 매우 높은 수준의 활성이

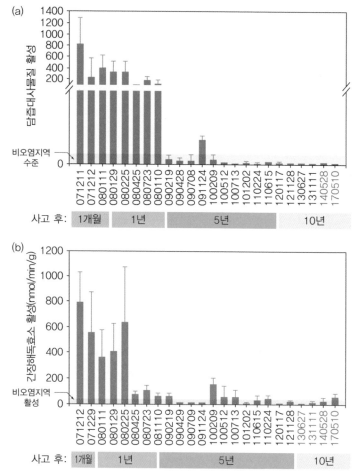

그림 7-11 허베이스피리트호 유류 유출사고 해역 서식 어류인 조피볼락
(a) 담즙대사물질, (b) 간해독효소 EROD의 장기변동(파란색 표시 영역은 대조구 값
의 범위)

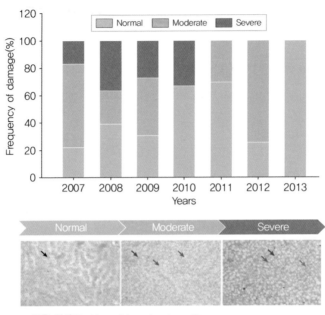

· 검은 화살표: Normal hepatocytes with
                 circular and centrally located nuclei
· 붉은 화살표: large hypertrophic hepatocytes
· 푸른색 화살표: with nuclei dislocated to cell periphery
· 초록색 화살표: lipid vacuoles

그림 7-12 허베이스피리트호 유류 유출사고 해역 서식 어류인 조피볼락
           간의 조직학적 회복 추이

관찰되었다. 이후 담즙 대사물질은 전반적으로 대조구와 유사한 범위를
보였으며, 2009년 한차례 대조구 대비 현저히 높은 값을 보인 사례는 일
시적으로 잔존류에 노출된 경우로 해석될 수 있다. 간 해독효소계의 경
우 2008년 4월부터 사고 직후 3개월 대비 현저히 감소한 값을 보였으나,
2017년까지 대조구보다는 유사하거나 다소 높은 값을 보였다. 이는 유출
유가 국지적으로 오랜기간 잔류한 의항리 해역에 서식하는 조피볼락이
지속 또는 간헐적으로 유류 성분에 노출되고 있음을 보여주는 결과로 담
즙 대사물질의 검출과 비교하여 상대적으로 민감한 간 해독효소계에서

는 노출 영향을 검출할 수 있음을 보여주는 결과라고 할 수 있다.

조피볼락의 간장의 조직학적 관찰을 통해서 조직 손상의 정도에 따라 중도손상, 경도손상, 정상조직 3단계로 나누어 출현빈도를 사고 초기부터 2013년까지 분석하였다(그림 7-12). 간 조직 역시 사고 초기에 크게 손상받은 것을 관찰할 수 있었으며, 사고 3년 후인 2010년까지도 조식 손상이 관찰되었다. 이후부터 중도손상 개체는 거의 없었으며 경도손상조직만 2012년까지 관찰된 후 2013년에 대부분이 정상조직으로 확인되었다. 담즙 대사물질 농도, 간 해독효소계 반응, 간 조직 손상정도 모두 사고 초기에 고농도의 유출유에 노출되어 영향을 받았던 현장 서식 어류가 시간 경과에 따라 서서히 회복되는 추세를 잘 보여주고 있다.

사고유 유출에 따른 서해안지역의 시공간적 노출영향의 변화도 어류에 대한 유류 노출영향 지표 변동에서 잘 보여주고 있다(그림 7-13). 2008년 6월 사고초기 조사결과에 따르면 유출사고 지역에 인접한 지역 (St. A와 St. B)에서 채집한 저서어종은 다른 지역 어류와 비교하여 주요 해독효소계 활성이 높게 나타났으며 사고해역에서부터 거리가 멀어질수록 유류노출로 인한 반응이 감소된 결과를 보였다. 사고 18개월 이후인 2009년 6월 조사에서는 지역 G와 J에서 채집한 일부 저서어류에서 주요 해독효소계 활성이 높게 발현되었으나 전반적으로 잔존 유류에 대한 특이적 반응은 2008년 시료와 비교하여 낮게 나타나 잔존 유류로 인한 생물영향의 가능성이 낮음을 시사해 주고 있다.

(a) 조사정점

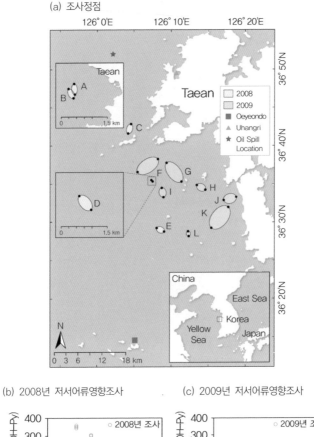

(b) 2008년 저서어류영향조사   (c) 2009년 저서어류영향조사

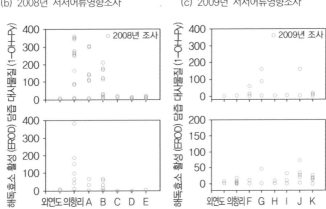

그림 7-13 허베이스피리트호 유류 유출사고 해역 서식 저서어류의 시공간적 생체지표 변동. (a) 조사정점 (■)외연도, (▲)의항리, (★)사고지점, (b) 2008년 저서어류영향조사, (c) 2009년 저서어류영향조사

생태계 영향평가

8.1 유류오염 해역의 생태계 영향평가

해양에서 발생한 유류 유출사고에 따른 환경과 생태계에 대한 영향을 종합적으로 평가하기 위해서는 환경오염(6장), 생물독성(7장)과 함께 생태계에 대한 영향평가가 필요하다. 위 세 분야의 영향평가는 상호 연계되어 있으며, 특히 유류오염과 생물독성은 생태계 영향과의 인과관계를 밝히는 데 매우 필수적인 자료가 된다(그림 8-1). 허베이스피리트호 유류 유출사고 이전에 발생한 전세계 주요 대규모 해양 유출사고의 환경피해평가 사례에서 위 3개 분야가 차지하는 상대적 비중은 그림 8-2와 같다. 아모코카디즈호, 씨엠프레스(Sea Empress)호, 에리카호, 엑슨발데즈호 유출사고의 경우 생태계 영향 평가 분야의 비중이 가장 높았으며, 에지안씨(Aegean Sea)호와 브레어(Braer)호 사고의 경우 유류오염 평가 분야의 비중이 가장 높았다. 여섯 건의 사고 사례에서 생물독성 평가 분야의 비중의 3개 분야 중 가장 낮았다.

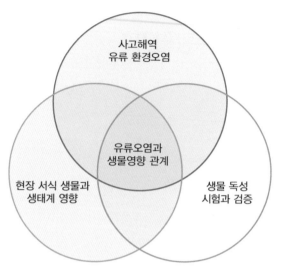

그림 8-1 해양 유류 유출사고에 따른 환경영향 평가에 필요한 3개 주요 분야

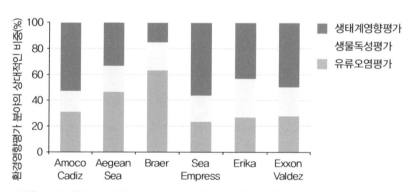

그림 8-2 전 세계 주요 해양 대규모 유류 유출사고 시 환경영향 평가 3개 주요 분야별 비중

　해양으로 유출된 유류가 생태계에 미칠 수 있는 영향은 유출유의 규모, 조성과 시기는 물론 유출 해역의 생태계의 군집 구조와 기능에 따라서 매우 다양하게 나타날 수 있다. 위에 정리한 6건의 과거 해양 유류 유출사고 시 생태계 영향평가에서는 엑슨발데즈호 사고를 제외하고는

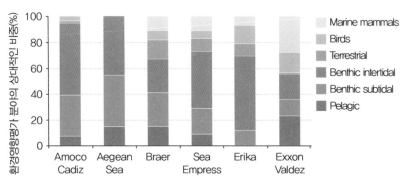

그림 8-3 전 세계 주요 해양 대규모 유류 유출사고의 생태계 영향평가 시 관련 생태계별 비중

모두 조간대 및 조하대의 저서생태계가 가장 큰 비중을 차지하였다(그림 8-3). 엑슨발데즈호 사고의 경우 저서생태계 영향과 유사한 규모로 해양 표영생태계와 포유류에 대한 피해 평가가 수행되었다. 나머지 5건의 사고의 경우 저서생태계에 대한 영향에 이어, 해양 표영생태계, 육상, 조류, 또는 해양 포유류에 대한 영향 평가가 상대적으로 낮은 비중을 차지하였다. 조간대와 조하대를 포함하는 저서생태계에 미치는 영향에 대한 평가 비중이 높은 이유는 해안에 대규모로 표착하거나 밀도가 높아 해저로 가라 앉는 유류의 경우 해수 대비 퇴적물 내에서 잔류기간이 현저히 길고 이동성이 제한된 고착성 생물 비중이 높고 다양성이 높은 저서생태계에 미치는 영향이 상대적으로 크고 장기간 지속될 수 있기 때문이다.

허베이스피리트호 유류 유출사고의 경우 동식물 플랑크톤에 대한 부유 생태계 영향, 어류에 대한 영향, 조간대와 조하대의 연성과 경성 저서 생태계에 대한 영향평가를 중심으로 생태계에 영향평가가 수행되었다. 생태계 별로 영향의 시공간적인 규모에 따라 모니터링의 공간적 범위와 기간이 상이하였으며, 주요 연구 결과를 분야별로 다음에 자세히 설명하였다.

8.2 부유생물

8.2.1 부유생물의 정의

부유생물(Plankton)은 담수나 해수 등에서 물에 떠 있거나 표류하는 생물체를 총칭하는 용어로, 크기가 수 μm로 눈으로 볼 수 없는 미세한 크기에서 1m 이상인 대형해파리까지 포함한다. 물에서 흐름을 이겨낼 수 있을 만큼 생물 자체에 강한 추진력이 없어서 이동 능력을 갖고 있지 않다는 점에서 어류가 포함된 유영동물(Nekton)과 다르며, 해저 바닥에서 생활하지 않고 수층에서만 생활하는 점에서 저서생물(Benthos)과 구별된다. 플랑크톤으로 구성된 부유생태계는 동·식물 플랑크톤으로 이루어졌으며, 식물플랑크톤은 광합성을 하여 유기물질을 합성하고, 동물 플랑크톤은 이러한 유기물을 섭취하여 성장하는 대형해양생물의 어린 개체이거나, 그 자체의 크기가 작아서 치어나 기타 상위 포식자에게 먹이로 제공되는 동물군이다. 즉, 플랑크톤은 해양생태계에서 기초생산자 또는 일차 소비자로서 유지되게 하는 중요한 역할을 한다.

8.2.2 유류오염이 부유 생태계에 미치는 영향

바다로 유출된 유류는 우선 바다 표면에 유막을 형성한다. 이러한 현상은 대기와 해양 사이에 이산화탄소 및 산소와 같은 기체의 교환을 차단하기 때문에, 해수에 녹아드는 산소의 양을 감소시키며, 특히 바다 속으로 투과되는 빛의 양을 감소시켜서 표층에 서식하는 식물플랑크톤의 성장에 필수적인 광합성을 저해할 수 있다. 식물플랑크톤은 해양생태계의 에너지 생산자로 먹이망의 최하위에 위치하기 때문에 유류오염으로 인한 일차 생산의 감소는 해양생태계의 먹이망을 파괴할 수 있다. 또한 유막 형성에 따른 점도의 증가는 동물플랑크톤과 같은 미세한 생물의 이동과 포식활동을 제한하여 생존을 어렵게 할 수 있다.

8.2.3 부유생물 영향

2008년 1월부터 2010년 11월까지 계절별로 식물플랑크톤의 현존량인 엽록소 a와 식물플랑크톤의 종조성, 그리고 동물플랑크톤의 생물량 및 종 조성 등에 대한 조사가 이루어졌다.

사고해역의 식물플랑크톤의 시공간적인 분포량을 파악하기 위해 엽록소 a 농도를 측정하였다. 일반적으로 엽록소 a 농도는 겨울에 $1.0 \mu g/L$ 이하로 낮게 나타나고 이후 증가하여 여름에 가장 높게 나타나는 경향을 보이나, 유류 유출사고 발생 이듬해인 2008년 여름에는 예외적으로 농도가 많이 감소하여 사고의 영향이 있었음을 확인할 수 있었다. 그러나 2009년부터는 계절에 따라 사고 전과 유사한 농도로 회복되어 사고의 영향이 단기적으로 2008년도에만 국한되고 이후에는 빠르게 회복된 것을 확인할 수 있었다(그림 8-4). 이는 해수 중 유류오염 농도가 빠르게 감소하였지만, 2008년 중후반까지 기존 배경농도보다 높은 값을 보인 것과도 일치하는 결과로 판단된다.

식물플랑크톤의 조성을 살펴보면, 겨울에는 규조류가 90% 이상으로 우점하고, 봄에는 와편모조류가 40~60%로 우점하며, 여름에는 봄과 유사하나 황녹조류가 다른 계절보다 많이 출현하였다. 가을에는 겨울과 유사하게 규조류가 90% 이상이었다. 2010년 여름과 가을에 황녹조류가 전년도에 비해 높은 조성을 보여 식물플랑크톤의 다양성이 다소 증가하는 등 대상해역이 사고의 영향으로부터 점차 회복되는 과정에 있는 것으로 해석할 수 있다(그림 8-5).

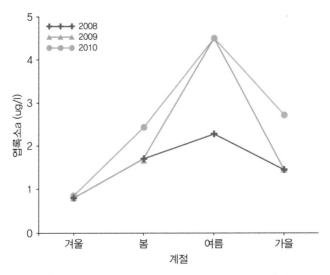

그림 8-4 사고 지점 인근 해역 내 엽록소 a의 계절별 변화 비교

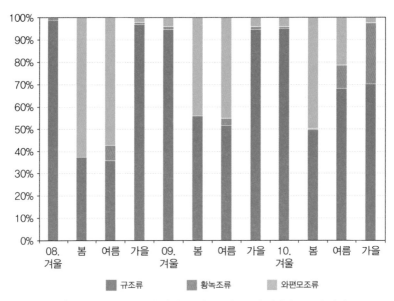

그림 8-5 2008~2010년 기간 중 식물플랑크톤의 계절별 종조성 변화

동물플랑크톤의 계절에 따른 평균 개체수 변화는 우리나라 서해 연안에서 관찰된 것과 유사하게, 겨울에서 봄, 여름으로 가면서 증가하는 양상을 보였다. 사고 발생 이후에 연간 변화를 살펴보면, 2008년에 전 계절에 걸쳐 전반적으로 낮은 생물량을 보였으며, 이후 시간이 흐르면서 2010년에는 상대적으로 회복된 양상을 보였다(그림 8-6).

일반적으로 우리나라 서해 연안의 동물플랑크톤의 종조성은 계절별로 *Paracalanus parvus*가 전 계절에 많이 출현하고, 겨울과 봄에는 *Acartia hongi*, 여름에는 *Evadne tergestina*가 우점하여 나타난다. 하지만 유류오염 발생 후 주요 우점종에 다소 차이가 나타났다. 사고 직후인 2008년 겨울에는 육식성 모악동물(*Sagitta crassa*)이 상당량 관찰되면서 교란현상을 보이면서 유류 사고 이후 특이한 변화가 나타났지만, 2008년 가을 이후에는 계절적 천이와 더불어 2009년 겨울에는 사고 이전의 우점종 분포와 유사한 양상으로 회복되는 경향을 보였다.

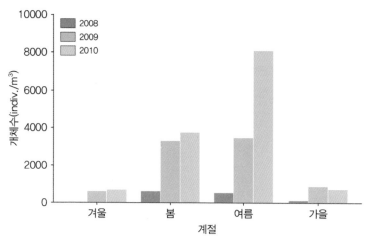

그림 8-6 사고 지점 인근 해역 내 동물플랑크톤의 평균 개체수 계절적 비교

8.3 연안 어류

8.3.1 연안역 어류 분포

천해역은 해양에서 수온 및 염분의 변화가 크고 수심변동과 조석의 영향으로 해수유동이 원활하면서 탁도가 높다. 바닥이 모래나 펄 성분이 우세한 서해안 연성조간대는 경사가 완만하고 인접한 육상으로부터 유기물이 유입되어 유기물 함량이 높아 생물생산이 높다. 특히, 높은 탁도에 잘 적응하는 망둑어와 같은 주거종이 서식하고, 계절에 따라 인접 연안에 서식하는 어류의 치어나 소형 부어류들이 이곳의 풍부한 먹이와 포식자로부터 피할 수 있는 독특한 환경을 이용하여, 유어기를 이곳에서 보내고 자란 후 본래의 서식처로 이동하기 때문에, 천해역은 어류 서식에 중요한 공간이 되고 있다.

8.3.2 유류오염과 연안 어류

수심이 낮은 연안에서 유류 유출사고가 발생하고, 유출된 유류가 육지 방향으로 이동하여 해안에 대량으로 표착되면 장기간 연안 생태계에 영향을 미치게 된다. 유출유는 사고해역 서식 어류의 산란장이나 서식처를 오염과 먹이 생물의 변동 및 오염된 먹이의 섭식을 통해 영향을 미칠 수 있다. 어류는 이동이 원활한 생태적 특징으로 동물플랑크톤이나 무척추동물에 비해 급격한 환경 변화에 상대적으로 피해가 적고, 회복 기간도 짧다고 알려져 있다. 그러나 유류오염이 장기간 지속되면 직접 또는 간접으로 만성적 영향이 누적되어 건강한 종 분포에 영향을 미칠 수 있다.

8.3.3 연안 어류 영향

허베이스피리트호 유류 유출사고로 인한 어류조사는 피해를 직접 받은 만리포 해빈 천해와 상대적으로 유류 피해가 적은 안면도의 굴혈포(대조구) 해빈 천해에서 2008년부터 2010년까지 매월 지인망(길이 20m × 높이 1.5m, 당긴망목 10mm)으로 채집을 통해 이루어졌다. 어류는 각 정점에서 채집해역의 중복을 피하여 각 5회씩 해안선과 수직방향으로 예인하여 채집하였으며, 채집된 어류는 현장에서 냉장보관 후 실험실로 운반하여, 어종을 구별하고 각 개체의 전장과 체중을 측정하여 종조성을 분석하였다.

유류오염 발생 직후인 2008년 만리포 해빈 천해에서 21종의 어류밖에 채집되지 않았으나, 2009년과 2010년에 31종으로 증가하였다. 채집어 가운데 가숭어, 조피볼락, 복섬, 넙치와 문치가자미 등 대상지역에서 유출사고 이전에도 연중 서식하는 종과 계절에 따라 나타나는 종이 조사기간 동안 높은 비중을 차지하였다. 출현종수와 같이 개체수, 생물량 및 종다양성지수는 2008년 6월까지는 낮았으나 그 이후 증가하기 시작하여 2009년에는 2008년에 비하여 유의하게 증가하였다. 2010년에는 동계와 춘계의 저수온 영향으로 다소 낮았으나, 하계부터는 2009년과 같은 계절 변화 양상이 보였다. 2009년과 2010년 대조구인 굴혈포 어류 종조성은 만리포와 유사한 계절변화 양상을 보였다(그림 8-7).

채집된 어종들은 대부분 1세 이하로, 조간대 천해역이 어류들의 중요한 보육장으로 이용되어, 약 1년 정도 자란 후 본래 서식처인 깊은 곳으로 이동하는 것으로 보인다. 유류오염 직후인 2008년에는 채집된 어류 중에 치어가 적었으나 2009년 이후 다시 증가하기 시작하여 보육장으로의 역할이 회복되어 가는 것으로 판단된다.

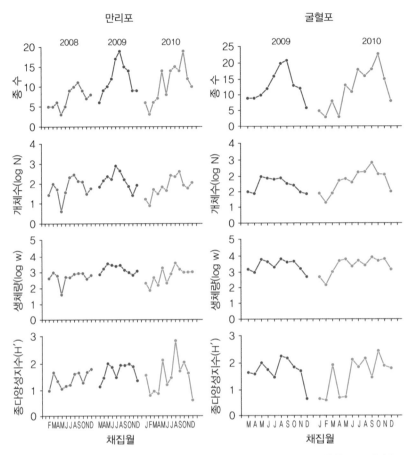

그림 8-7 2008~2010년 만리포 및 굴혈포 해빈에서 채집된 천해어류의 출현종수, 개체수 (log N), 생체량(log W) 및 종다양성지수의 월 변화

8.4 조하대 대형저서동물

8.4.1 조하대 저서동물

저서동물이란 암반이나 모래 및 펄 위에 서식하거나 파고들어 서식하는 생물을 말한다. 펄, 바위 등 해저에서 수층에 떠다니거나, 바닥에

침전된 유기물 또는 해조류나 저서식물플랑크톤을 섭취하고, 포식자나 저서 어류에게 먹이로 제공됨으로써 해양생태계 먹이망의 중간 역할을 담당하고 있다. 따라서 저서동물의 변화는 연안 생태계에서 구조에 심각한 영향을 미치게 된다.

8.4.2 유류오염에 따른 저서동물의 반응

유류 유출은 주로 해수 표층에서 확산되면서 부유생태계에만 영향을 미치는 것으로 알려져 있지만, 유처리제 등의 사용에 따른 수층으로의 분산, 해수 대비 비중이 높은 유류의 유출에 따른 해저 침강유 발생 등에 따라 해저생태계에 영향을 미칠 수 있다. 연안에서 비교적 안정된 생태계구조를 보이는 해저면에서는 유류가 유입되는 경우, 우선 어린 개체들이 거치는 플랑크톤 생활에 영향을 주면서, 향후 성체로 전환되어 해저면에 가입되는 저서생물 개체수에 영향을 미친다. 연안 해저면과 같이 안정된 환경일수록 변화에 민감한 종들이 많이 살아가는 지역이므로 종조성의 변화가 빠르게 진행될 수 있으며, 생태계 구조 및 주요 생물의 개체군 변화, 재생산에 영향, 서식지 축소 등을 유발한다. 특히, 유류 유출 발생 직후에는 유류오염에 민감한 갑각류 감소가 두드러지게 나타나고, 일부 갯지렁이와 같이 환경변화에 따라 기회적으로 증가하는 종들이 출현한다. 이러한 생물 특성을 이용하여 이들 분류군의 비율인 기회종 갯지렁이류/미소 갑각류 비(P/A ratio)를 계산하여 유류오염 상태를 측정하는 방법을 사용하기도 한다. 유류오염에서 회복과정에 있는 저서동물군집의 구조는 점차 종조성에서 다른 해역과 유사한 생태계로 전환하게 된다. 이러한 생태계 변화 정도는 통계처리 방식으로 해석하기도 한다.

8.4.3 조하대 저서동물 영향

유류 유출이 조하대 대형저서동물 군집에 미치는 영향을 알아보기
위해 사고 직후인 2008년 1월부터 2010년 10월까지 태안 연안역의 22개
정점에서, 11개 정점은 2015년 1월까지 계절조사를 실시하여(그림 8-8),
연성조하대에 서식하는 대형저서동물의 군집분포양상을 살펴보았고, 또
한 종다양성지수와 기회주의적 다모류와 단각류 비(P/A ratio)를 구하여
유류오염에 의해 감소된 단각류와 증가된 기회종의 수 및 경향을 파악하
였다. 채집된 생물은 정량적으로 분류군별로 선별하여 종동정 및 종별
출현량을 산출하였다. 이러한 군집자료를 사용하여 종다양성지수, 집괴
분석 및 다차원배열법 등의 군집분석을 하였다.

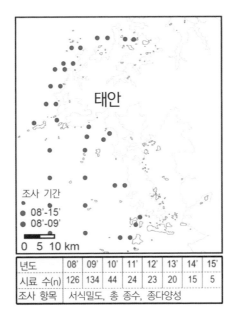

년도	08'	09'	10'	11'	12'	13'	14'	15'
시료 수(n)	126	134	44	24	23	20	15	5
조사 항목	서식밀도, 총 종수, 종다양성							

그림 8-8 허베이스피리트호 사고 이후 연성조하대 대형저서동물 군집의 조사 정점, 기간,
시료 수, 조사 항목

조하대에서 저서동물은 여름철에 가입이 되고, 가을에 성장하면서 계절에 따른 특이한 변동요인이 발생하지 않는 비교적 안정된 생태계 구조를 나타냈다. 유류사고가 발생한 직후인 2008년부터 2010년까지 종수는 사고 이전 평균값에 비해 낮은 값을 보였으며, 종다양성지수도 지속적으로 감소하는 경향을 보였다(그림 8-9). 이후 2011년부터 종수와 종다양성지수 모두 점차 회복되기 시작하여 2013년 이후 안정화되는 경향을 보였다. 조하대 대형저서동물의 경우 연안 해수 중 유류오염 감소와 유사한 경시변동 경향을 보인 부유생물이나 연안 어류와 달리 회복에 더 많은 기간이 소요되었다. 이는 퇴적물 중의 유류성분 잔류 기간이 해수에 비해 현저히 길기 때문에 고착성 저서대형동물의 유류오염에 대한 영향이 상대적으로 크고 영향의 지속 기간에 따른 신규 가입 등의 지연 등이 영향을 미쳤을 것으로 사료된다.

오염지시종인 기회주의적 다모류(*Capitllidae, Ampharetinae*)는 사고 초기 급격히 감소했다가 2011년부터 점차 증가하는 경향을 보였으며,

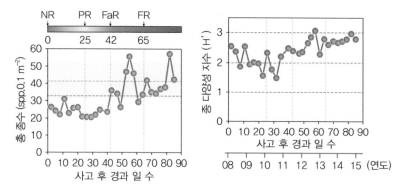

그림 8-9 허베이스피리트호 사고 이후 연성조하대 대형저서동물의 종수 및 종다양성지수 변화 양상(빨간색 점선은 서해연안 연성조하대 지역의 평균 종수, 초록색 점선은 14년 이후 태안 지역의 평균 종수, 노란색 범위는 14년 이후 태안지역의 종수의 표준편차). NR: 미회복(Not recovered), PR: 부분회복(Partialy recovered), FaR: 상당회복 (Fairly recovered), FR: 완전회복(Fully recovered)

오염지시종인 기회주의적 불가사리류(*Amphioplus*)는 사고 이후 2010~
2012년 증가했다가, 점차 감소하는 경향을 보였다(그림 8-10). 기회주의
적 다모류와 단각류 비(P/A ratio)에서도 유출유 영향을 많이 받은 만리
포 인근 정점에서는 기회주의종인 다모류의 다량 출현과 단각류 개체군
의 감소로 1.0 이상으로 높게 나타났으나, 2010년 조사에서는 오염지시
종인 기회주의적 다모류가 거의 출현하지 않아 P/A ratio가 1.0 이하로
낮게 나타났다.

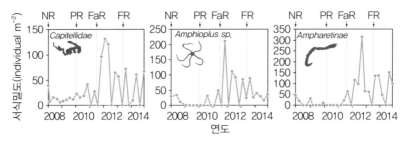

그림 8-10 허베이스피리트호 사고 이후 연성조하대 주요 대형저서동물 종의 시간에 따른
밀도 변동. NR: 미회복(Not recovered), PR: 부분회복(Partialy recovered),
FaR: 상당회복(Fairly recovered), FR: 완전회복(Fully recovered)

다변량분석을 통해 산출된 MDS 그래프는 종조성이 비슷할수록 정점
들이 가까이 위치하고 종조성이 다를수록 멀리 위치한다. 만리포 인근
정점들은 서로 인접해 있지 않고 모두 멀리 떨어져 있었다. 이는 모든
계절에 종조성의 변화가 심한 것을 의미한다. 반면 안면도 인근 정점들
에서는 대부분의 계절이 가까이 위치하여 서로 종조성이 유사해지고 있
음을 보였다(그림 8-11).

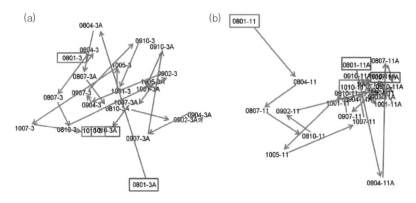

그림 8-11 유류 유출해역인 만리포 인근 조하대 정점(3, 3A)(a)과 안면도 인근 해역
조하대 정점(11, 11A)(b)의 다변량분석(MDS)를 통한 정점 간 유사도 분석

8.5 연성조간대 대형저서동물

8.5.1 연성조간대 특징

갯벌은 퇴적물의 성분에 따라 펄조간대와 모래조간대로 구분된다. 모래조간대는 모래로 구성된 지역으로 우리나라에서는 대부분 해수욕장에 형성된다. 모래조간대에는 펄이나 펄모래로 구성된 지역에 비해 해양생물 분포가 비교적 적게 나타나지만, 새우, 게, 넙치 등 연안생물의 산란장과 어린 시기를 보내는 장소로 알려져 있다. 모래조간대는 파도나 조류 등 물리적 영향이 갯벌 조간대에 비해 강하고 바닥이 상대적으로 굵은 알갱이로 구성되어 있어서, 바닥에 구멍을 파는 종류보다는 걸어 다니거나 순간적으로 잠입하는 생물들이 살아간다. 따라서 주로 서식하는 생물들은 비교적 이동이 원활하고, 모래퇴적물 표면에 떠다니는 먹이를 섭취하기 때문에 먹이 및 생활공간에 대한 경쟁을 하거나, 경쟁을 피하기 위한 다른 생활방식을 가지고 살아가고 있다.

펄조간대는 모래조간대에 비해 다양한 생물종들이 서식하며, 퇴적물의 유기물을 먹고 살아가는 퇴적물 식자 생물들과 바닷물의 부유물을 걸러 먹는 부유식자 등이 서식한다. 펄조간대는 어민들의 주요 소득원인 생물들이 많이 서식하고 있어서, 특히 인간들의 생활과 밀접한 연관을 갖는 중요한 생태계이다. 또한 펄조간대에 서식하는 미세조류는 조석에 따라 연안에 살고 있는 어류와 같은 큰 생물들의 먹이로 이용되어 생태계 내에서 중요한 위치를 차지하고 있다.

8.5.2 유류오염에 따른 조간대 영향

연안에서 유류 유출사고가 발생하면 유류는 최종적으로 해류의 흐름에 따라 연안으로 이동되어 해안에 표착하게 된다. 우리나라와 같이 조석 차이가 큰 조간대가 발달된 지역에서는 조간대 상부에서 하부까지 광범위하게 쌓이거나, 퇴적물 틈 사이로 침투한다. 특히 모래조간대에서는 퇴적물 입자가 상대적으로 커서 펄 지역에 비해 유류가 깊이 침투한다. 따라서 이 지역에 서식하는 대형저서동물은 다른 지역에 비해 유입된 유류에 의해 직접적으로 노출되는 비율이 상당히 높아서, 유류가 몸을 덮어 질식하거나, 이동이나 먹이 섭취를 못하게 하여 다른 조간대보다 개체수가 급격하게 감소하는 것으로 알려져 있다. 또한, 모래조간대는 해수욕장 등 경제적 공간 가치를 지니고 있어서 신속한 방제활동 등이 요구되어 다양한 방제(지속적인 갈아엎기, 모래 세척, 교체 등)가 동원된다. 이러한 행위는 서식지가 지속적으로 교란되거나, 번식을 못하게 하여 유류오염에 살아남은 생물들에게 2차적인 영향을 미칠 수 있다. 외국 사례에서도 모래조간대의 유류오염은 지역에 따라 생태계의 회복에 소요되는 기간은 다양하게 나타나며, 방제작업이 회복기간에 영향을 주는 것으로 알려져 있다.

8.5.3 연성조간대 대형저서동물 영향

2007년 유류 유출사고 이후, 2008년 1월부터 2015년 1월까지 유출유가
표착한 태안반도의 주요 지점에서 조간대 대형저서동물에 미치는 영향을
평가하기 위하여 정량조사(채집면적: $0.1m^2$)를 수행하였다(그림 8-12).
모래조간대의 경우 유류오염의 영향을 많이 받은 신두리와 만리포 지역
과 상대적으로 영향을 적게 받은 몽산포 지역을 중심으로 한 개 정선을
해안선에서 썰물기간 동안 최대로 노출되는 지역까지 일정간격으로 정
점을 정하여 수행하였다. 사고해역 펄조간대의 경우 모래조간대와 달리

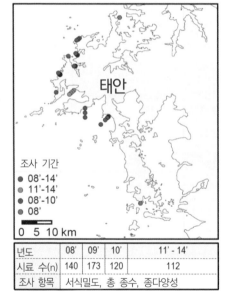

년도	08'	09'	10'	11' - 14'
시료 수(n)	140	173	120	112
조사 항목	서식밀도, 총 종수, 종다양성			

그림 8-12 허베이스피리트호 사고 이후 연성조간대 대형저서동물 군집의
조사 정점, 기간, 시료 수, 조사 항목

유출유가 대규모 표착한 곳은 매우 제한적으로 상대적으로 유출유 유입이 관찰되었던 소근리와 상대적으로 유출유 영향이 적었던 펄 갯벌인 근소만을 중심으로 조사를 수행하였다. 자료 분석은 종 조성을 기반으로 시공간 군집변화, 우점종 분포양상을 중심으로 분석하였다.

유류 유출사고 이후 1년 동안 모래조간대(신두리와 만리포)의 대형저서동물 종수 및 종다양성지수는 사고 이전에 비해 매우 낮았으며, 종수는 2009년 여름부터 2010년까지 증가하기 시작하였으나 2012년까지 다시 감소하면서 큰 변동성을 보였다(그림 8-13). 종수와 종다양성지수 모두 2013년 이후에 증가하면서 이후에 안정적으로 유지되는 경향을 보였다.

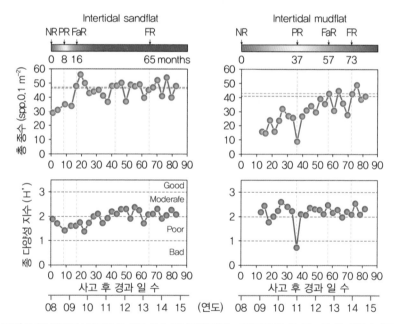

그림 8-13 허베이스피리트호 사고 이후 연성조간대(좌: 모래조간대, 우: 펄조간대) 대형저서동물의 종수 및 종다양성지수 변화양상(빨간색 점선은 서해연안 연성조간대 지역의 평균 종수, 초록색 점선은 14년 이후 태안 지역의 평균 종수, 노란색 범위는 14년 이후 태안지역의 종수의 표준편차). NR: 미회복(Not recovered), PR: 부분회복(Partialy recovered), FaR: 상당회복(Fairly recovered), FR: 완전회복(Fully recovered)

상대적으로 유출유 유입이 적었던 몽산포 대비 신두리와 만리포에서는 전반적으로 종수와 종다양성지수가 낮았으며, 이는 기회종으로 분류되는 이매패류인 꼬마돌살이조개(*Felaniella sowerbyi*)가 우점에 따른 영향으로 환경이 회복되면서 이종의 밀도가 점차 감소하면서 종다양성지수가 증가하는 경향을 보였다.

모래조간대 주요 우점종의 변동을 좀 더 자세히 들여다보면 다음과 같다. 유류오염 발생 20개월(09년 9월) 이후부터 신두리와 만리포 지역에서 꼬마돌살이조개가 높은 서식량을 보이다가 지속적으로 감소하는 경향을 뚜렷이 보였다(그림 8-14). 크기가 1cm 이하의 매우 작은 꼬마돌살이조개는 오염지역의 조간대 중부와 하부에서 대량 출현하였다. 반면에 유류오염 영향이 적은 연포와 몽산포에서 꼬마돌살이조개는 새만금 방조제 공사 완료 후, 조간대에서 대량 번식한 후 사라졌던 기록이 있다. 따라서 꼬마돌살이조개는 급격한 환경변화 이후에 나타나는 기회주의 특성을 지니고 있는 것으로 여겨지며, 이 종의 대량 번식은 신두리와 만리포지역의 유류오염에 의한 환경 변화 특성을 잘 설명해주고 있다.

서해안 모래조간대에서 흔히 볼 수 있는 서해비단고둥(*Umbonium*

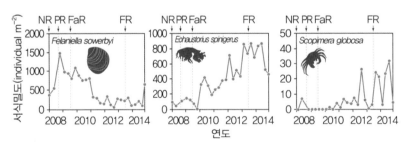

그림 8-14 허베이스피리트호 사고 이후 모래조간대 주요 대형저서동물 종의 시간에 따른 밀도 변동. NR: 미회복(Not recovered), PR: 부분회복(Partialy recovered), FaR: 상당회복(Fairly recovered), FR: 완전회복(Fully recovered)

thomasi)은 유류오염 이전에 신두리와 만리포 조간대에서 많이 출현하였던 종 가운데 하나이다. 물이 빠지면, 조간대 표층에서 비단 색깔을 띠며 이동한 흔적을 볼 수 있다. 조간대에 기름이 완전히 덮였던 신두리와 만리포에서 유류사고 이후 서해비단고둥의 흔적을 찾아볼 수 없었다. 방제작업 이후 신두리에서 생물량이 조금씩 증가하기 시작하여, 회복의 징후가 나타나기 시작하였다. 그러나 만리포 조간대에서는 상대적으로 느리게 증가하는 경향을 보여 회복이 더디게 진행되는 특성을 보였다.

엽낭게(*Scopimera globosa*)는 모래조간대 상부에 주로 살고 있으며, 집 주변에 구슬 모양의 모래 알갱이를 만들기 때문에 쉽게 관찰할 수 있다. 신두리와 몽산포 조간대 상부에 우점하는 종인 엽낭게는 유류사고 이후 거의 출현하지 않았다. 유류사고 5년 이후 2012년부터 다시 출현하였으며, 2013년 이후 지속해서 서식하고 있는 것으로 나타났다.

모래조간대에서 주로 서식하는 단각류(*Amphipoda*)는 크기가 1.5cm 이하로 매우 작아 쉽게 눈으로 확인이 어려운 생물들이다. 전 세계적으로 유류사고 이후 회복 정도를 판단하는 데 널리 이용되는 지표군으로써, 유류오염 사고에 가장 민감한 동물군으로 알려져 있다. 단각류의 경우 꼬마돌살이조개와 반대로 사고 초기에 매우 낮은 밀도를 보이다가 2010년부터 2013년까지 꾸준히 증가하는 경향을 보여, 두 종은 향후에도 각각 사고해역 모래조간대 오염지시종과 회복지표종으로 활용할 수 있을 것으로 사료된다.

펄조간대 종수의 경우 사고 이후에 2013년까지 지속적으로 증가한 후 안정적으로 유지되는 경향을 보였으며, 종다양성지수의 경우 사고 이후에도 2011년에 이벤트성으로 급감한 경우를 제외하고는 전반적으로 2.0 이상의 안정된 값을 지속적으로 나타냈다(그림 8-13). 상대적으로 유출유

영향을 받은 소근리의 경우 고둥류(*Baillaria cumingil*) 사고 이후 점차 증가하여 우점하다가 감소한 반면, 유류오염에 민감한 이매패류(*Glauconome chinensis*)는 2011년 이후 개체의 서식 밀도가 점차 회복되는 경향을 보였다(그림 8-15). 유류오염에 민감한 갑각류(*Macrophthalmus japonicus*)는 2009년부터 관찰되기 시작하여 점차 서식 밀도가 증가하다가 2012년부터 안정화되는 경향을 보였다.

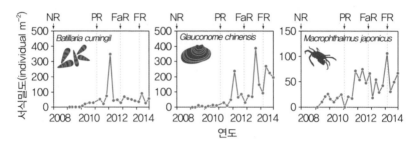

그림 8-15 허베이스피리트호 사고 이후 펄조간대 주요 대형저서동물 종의 시간에 따른 밀도 변동. NR: 미회복(Not recovered), PR: 부분회복(Partialy recovered), FaR: 상당회복(Fairly recovered), FR: 완전회복(Fully recovered)

8.6 연성조간대 대량폐사 생물 사례

8.6.1 쏙(*Upogebia major*) 대량 폐사 발생

2007년 12월 7일 유류오염 직후, 태안군 의항리 신노루 조간대에서 수만 마리의 쏙이 대량 폐사하였다(그림 8-16). 대량 폐사 원인은 펄 표면에 침적된 유류가 쏙의 구멍 안으로 유입되면서, 유류 독성에 의한 사망 또는 질식사한 것으로 분석하였다. 대량 폐사가 나타난 이후에도 많은 개체들이 구멍 밖으로 머리를 내민 채 죽어 있는 모습이 관찰되었는데 이는 구멍이 오염된 이후 구멍 안으로 들어가지 못하는 상태에서 추운

그림 8-16 유류 유출 이후 의항리 갯벌에 대량 폐사된 쏙 사체들(사진: KIOST)

날씨로 얼어 죽은 것으로 판단된다.

8.6.2 쏙의 생활방식

쏙은 조간대에서 깊게 구멍을 파고 살아가는 가재붙이 종류로 집단생활을 한다. Y자 모양으로 연결된 형태의 구멍에서 생활하며, 조간대에 사는 생물 중 가장 깊은 곳(250cm 이상)까지 구멍을 파고 산다(그림 8-17). 쏙 구멍 깊이는 크기와 비례하며, 각 구멍에는 1개체씩 살고 있는 것으로 알려져 있다. 쏙은 구멍 안으로 들어오는 유기물들을 여과해서 먹이를 섭취하거나, 하부의 I자 구멍을 만드는 과정에서 퇴적물

그림 8-17 쏙 서식 구멍 사진
(사진: KIOST 유옥환)

내에 있는 먹이를 섭취하기도 한다. 그러므로 쏙 구멍은 생활하는 공간이자 먹이를 섭취하는 공간, 그리고 포식자를 피하는 공간으로 깊은 곳까지 산소를 운반하여 미생물들에게 새로운 서식처를 제공하는 역할 또한 담당한다. 쏙은 썰물 기간에는 구멍 안에 있다가 밀물이 되어 물이 구멍 위로 차오르면 밖으로 나와 움직이기 때문에 쉽게 관찰할 수 없는 생물이다.

8.6.3 쏙의 개체군 변동

쏙 대량 폐사가 발견된 의항리 신노루 조간대에서 2008년 1월부터 2010년 12월까지 쏙 시료를 채집하였다. 가로와 세로 50cm 너비, 깊이 50cm 이상까지 펄을 파내어 정량채집(채집면적: $0.25m^2$)하였다. 쏙의 채집과 동시에 주변의 대형저서동물들을 함께 채집하여 유류오염 영향을 분석하였다(그림 8-18).

사고 직후 단위 면적당($0.25m^2$) 쏙의 개체수는 2009년 7월까지 10개체

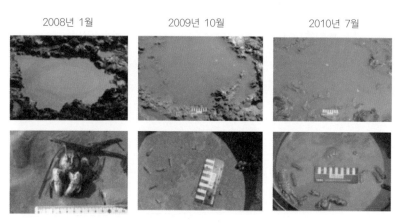

그림 8-18 쏙 서식지 주변의 유류오염 및 쏙의 개체수 변화(사진: KIOST 유옥환)

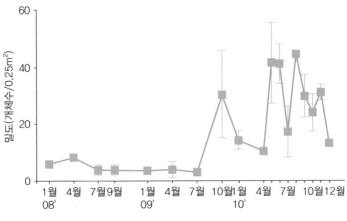

그림 8-19 2007년 12월 대량 폐사 이후 쏙 개체수의 계절적 변화

미만으로 나타났다. 이때 유류오염 농도는 10μg/L 이상으로 퇴적물 오염이 높게 나타났다(그림 8-19). 2009년 7월 이후부터 유류오염 농도가 급격히 감소하면서, 쏙의 개체수는 30개체 이상으로 증가하여 2010년까지 유사한 개체수가 유지되었다. 특히 봄철(4~5월)에 알을 가진 암컷들이 채집되어 쏙이 번식하고 살아갈 수 있는 환경이 조성되고 있음을 알 수 있었다.

사고 직후 쏙 서식처 주변에 살고 있는 대형저서동물의 종수 및 개체수도 동시에 감소했다. 반면에 유기물오염 지역에서 주로 출현하는 등가시버들갯지렁이(*Capitella capitata*)를 포함한 다모류 *Heteromastus filiformis* 등이 급격히 증가하였다. 이들은 2009년 10월까지 증가했으며, 이후에는 유기물오염에 민감한 다모류 *Nephtys polybranchia*가 증가하기 시작하였다(그림 8-20). 이와 같은 종조성의 변동은 쏙의 개체수가 급격히 증가하는 시기와 비슷한 경향을 보여, 쏙과 함께 주변에 서식하는 대형저서동물도 유류오염에서 회복되고 있는 양상을 확인하였다.

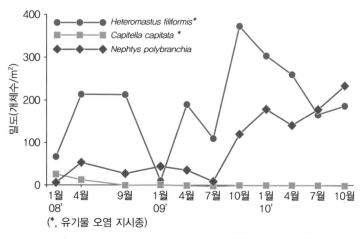

그림 8-20 쏙 서식처 주변 대형저서동물 개체수의 계절적 변화

8.7 경성조간대 대형저서동물

8.7.1 경성조간대 특징

경성조간대는 갯벌과 다르게 자갈, 바위로 구성된 서식처를 나타내며, 주로 부착하거나 기어다니는 생물이 살아가는 공간이다. 갯벌과 같이 넓은 공간을 갖고 있지 않고, 밀물과 썰물에 따라 수직적으로 협소한 공간으로 구성되어 있다. 암반생태계는 높은 생물다양성을 가지고 있으며, 해조류, 물속에 떠다니거나 바닥에 부착된 유기물을 섭취하는 생물이 대부분을 차지하고, 육식성 생물도 다양하게 분포하는 생태계 구조를 나타낸다. 부착하거나 이동할 수 있는 공간이 협소하여, 생물이 생존하는 데 가장 큰 제한 요인이 되고 있으며, 환경에 따라 선호하는 구역에 집중적으로 살아간다. 썰물 시 장기간 노출에 따른 온도차이, 파도 등 복잡한 환경조건에 오랜 기간 적응하며 살기 때문에 급격한 변화에 민감하게

반응하기보다는 만성적으로 변화를 나타낸다.

8.7.2 유류오염에 따른 영향

경성조간대는 연안에서 발생한 유류오염에 따른 해양생태계 영향을 파악하는 데 중요한 대상지역이다. 암반은 좁은 공간에 포괄적인 해양생 태계를 반영하고 있으며, 유류오염에 노출된 경우에 주요 서식 생물의 사망과 새로운 출현, 생물 간 상호 작용, 생태계 구조 변화를 경제적으로 감시할 수 있다.

2007년 유류 유출사고 이후, 2008년 1월부터 2015년 1월까지 경성조 간대 사고해역의 대표적인 해안을 중심으로 조사를 진행하였다. 유류오 염의 영향을 많이 받은 구례포와 파도리, 연포 지역과 상대적으로 영향 을 적게 받은 연포와 몽산포 암반조간대 지역을 중심으로 조사를 수행하 였다. 조간대 최상부에서 조간대 하부까지 조사범위를 정하였고, 생물분 포대를 중심으로 상, 중, 하부로 나누어서 정량적으로 시료를 채취하였다. 자료 분석은 종 조성을 기반으로 시공간 군집변화, 우점종 분포양상을 중심으로 분석하였다.

암반조간대에 서식하는 대형저서동물의 종수 및 개체수는 유류 유출 사고 이후 1년 동안 사고 이전에 비해 매우 낮았으며, 2009년 여름부터 조금씩 증가하기 시작하였다(그림 8-21). 주요 우점종의 변동을 보면 대 표적인 오염지역이었던 파도리의 경우 족사살이조개(*Lasaea undulata*)가 사고 1년 후인 2008년 일시적으로 증가하다가 2011년 이후 급격히 증가 하는 것으로 나타났다(그림 8-22). 대표적인 유류오염 민감종인 단각류의 경우 2010년 이후 서서히 증가하다가 2011년 이후 본격적으로 회복하기 시작하였다. 복족류의 경우, 초기에는 뚜렷한 영향을 보이지 않다가 사고

1년 이후 급격히 종수가 감소하였는데, 2012년에 이르러서야 종수가 사고 이전 수준으로 회복된 것으로 확인되었다.

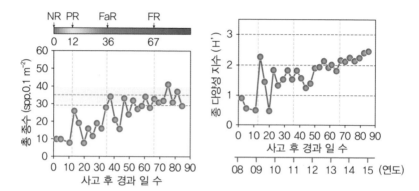

그림 8-21 허베이스피리트호 사고 이후 경성조간대 서식 대형저서동물의 종수 및 종다양성지수 변화양상(빨간색 점선은 서해연안 암반지역의 평균 종수, 초록색 점선은 14년 이후 태안 지역의 평균 종수, 노란색 범위는 14년 이후 태안지역의 종수의 표준편차). NR: 미회복(Not recovered), PR: 부분회복(Partialy recovered), FaR: 상당회복 (Fairly recovered), FR: 완전회복(Fully recovered)

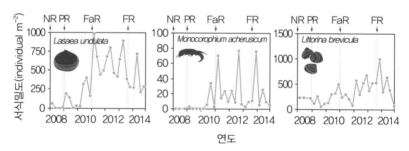

그림 8-22 허베이스피리트호 사고 이후 펄조간대 주요 대형저서동물 종의 시간에 따른 밀도 변동. NR: 미회복(Not recovered), PR: 부분회복(Partialy recovered), FaR: 상당회복(Fairly recovered), FR: 완전회복(Fully recovered)

Part 3

해양오염
영향평가 방법

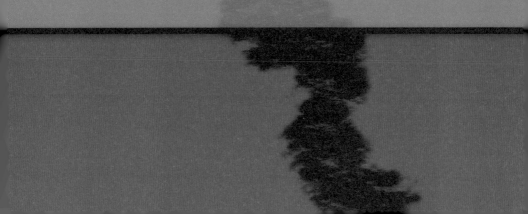

9 유류오염 평가방법

9.1 서론

유류오염 사고가 발생하면, 오염의 정도와 환경에 미치는 영향 등을 파악하여 주민의 건강과 자연자원의 보호를 위한 정책결정에 필요한 정보를 제공하기 위하여 모니터링 프로그램, 즉 해수, 퇴적물, 생물 등에 대한 체계적인 유류오염 평가가 필요하다. 유류오염 모니터링이 모든 유류 유출사고에 대해 필요한 것은 아니지만, 일반적으로 유류에 의한 피해 범위가 넓고 심각한 환경 손상과 수산물 안전에 위협을 가져올 잠재성이 있을 경우에는 반드시 실시하여야 한다.

유엔환경계획(UNEP)과 국제해사기구(IMO)는 공동으로, 대규모 기름유출 사고에 따른 당사국들의 자연자원의 피해를 평가하는 데 도움이 될 수 있도록, '해양 기름유출 사고에 따른 환경피해 평가 및 복원'에 관한 지침서를 개발하여, 해양오염사고에 의해 초래될 수 있는 피해와 그 후 복원되는 과정을 평가하기 위해 적용할 수 있는 운영적 지침을 제공하였다.

본 장에서 제시한 유류오염 평가 및 모니터링기법은 UNEP/IMO 지침서의 다매체 유류오염 평가 내용을 반영하고, 2007년 12월 우리나라 서해안에서 발생한 허베이스피리트호 유류 유출사고 직후부터 약 10년여에 걸친 현장 모니터링 경험을 바탕으로 제작되었다.

유류오염 평가를 위한 모니터링 계획의 수립, 시료의 채취 및 분석 등 모니터링의 시행 그리고 수집된 자료의 해석 등 모니터링 전반에 관한 가이드라인을 제공한다. 이 가이드라인을 현장에 적용함에 있어서는, 각 유출사고의 특성, 조사의 목적 등을 고려하여, 조사계획, 방법, 규모 등을 모니터링의 필요에 맞게 설정해야 한다. 또한 여기서 제시하는 모니터링 방법은, 사고 초기 유출유의 방제를 위한 정보 제공 목적이 아닌, 사고 이후의 환경에 대한 영향과 회복을 감시하는 데 사용함을 주목적으로 한다.

9.2 모니터링 계획의 수립

9.2.1 모니터링의 시작 및 종료

- 대규모 유류 유출사고가 발생하면 해양환경에 미치는 영향은 매우 즉각적이며 심각한 결과를 초래할 수 있다. 사고 직후 해양환경 내 유류오염 농도는 매우 높은 경우가 많으나 시간이 흐름에 따라 빠른 속도로 감소하게 된다. 반면, 각종 해양생태계 구성요소들이 초기 높은 농도에 의해 받은 영향은 유출된 기름이 사라진 이후에도 상당기간 지속될 수 있다. 따라서 초기에 매우 큰 영향을 미친 유류오염 농도 자료를 확보하지 못하면 이후 나타나는 유류오염에 의한 영향과 사고와의 인과관계

규명에 어려움이 있을 수 있다. 따라서 사고 직후 시간을 낭비하지 않고 초기 오염 정보를 확보하는 것이 매우 중요하며, 이를 위해서는 사고 발생 후 수일 내에 조사가 시작되어야만 한다.

- 사고 후 즉각적인 조사를 통해 사고 초기의 일시적인 큰 영향을 감지하고 기록할 수 있으며, 이와 같은 사고 직후 환경 내 유류오염 농도와 생물학적 변동에 관한 기록은 유류오염의 영향을 규명하는 귀중한 자료가 될 수 있다.

- 사고의 영향이 비교적 짧은 시간 내에 끝날 수도 있지만, 어떤 경우에는 사고의 영향이 상당기간 지속될 수 있으며 얼마나 오래 계속될지에 대한 정확한 예측은 불가능하다. 따라서 유류오염의 영향이 관찰되는 한 모니터링은 지속되어야 한다.

- 모니터링 시작 단계에서 조사 종료 시점을 예측하는 것은 어렵지만 모니터링의 설계 시 모니터링의 종료를 결정할 기준은 사전에 설정할 필요가 있다.

- 모니터링의 종료 시기는, 각 조사 항목별로 설정된 환경기준치 이하로 충분히 지속되어 더 이상 유류오염 영향의 의심이 없을 때, 혹은 사고 이전 또는 사고가 없었던 유사한 환경에서 관찰되는 수준과 유사한 농도범위로 충분히 지속될 때로 정할 수 있다.

- 또한, 앞선 모니터링 결과에 따라 다음 시료채취의 필요와 규모 등을 결정할 수 있으며, 종료할지 결정하는 데 도움이 될 수 있다.

9.2.2 모니터링의 지리적 범위

- 모니터링의 범위를 설정하기 위해서는 우선적으로 유출된 기름의 분포 범위, 즉 해안의 오염 범위를 파악해야 한다. 또한 사고 이후 수일

또는 수 주 내에 해황 및 기상 여건에 따라 기름이 확산될 가능성이 있는 잠재적 피해 지역도 포함시켜야 한다. 초기 오염 정보는 해양경찰청에서 방제계획 수립을 위해 취합하는 오염분포도 자료를 활용할 수 있다. 이러한 정보를 바탕으로 오염해역과 오염 예상해역 그리고 오염되지 않은 대조구를 포함하는 평가대상 지역의 지리적 범위를 설정한다.

- 특히 아직 오염되지 않았지만 기름이 확산되어 오염될 가능성이 있는 해안을 포함시켜 기름이 유입되기 전에 신속히 시료를 채취하여 오염 전 농도(post-spill pre-impact) 자료를 확보해야 한다.

- 또한 사고해역 인근에 훼손될 가능성이 있는 생태민감 지역 또는 만성 오염 지역도 반드시 포함시켜야 하며, 앞에서와 마찬가지로 이 지역에 대한 화학적 오염의 오염 사전 자료(pre-impact data)를 위한 시료를 신속히 확보하거나 사고 이전에 수행된 기초자료(pre-spill baseline data)를 확보한다.

- 유류유출이 멈추지 않고 지속되는 경우나 표착유가 재이동하는 경우에는 유류확산 및 이동 상황에 맞춰 조사지역을 재정립한다.

9.2.3 모니터링 정점의 설정 및 반복 조사

- 조사 정점의 위치와 수는 영향 받은 해안의 범위와 특성에 따라 달라질 수 있다. 사고 후 전체적인 시·공간적 변화를 충분히 설명할 수 있는 수준의 규모로 정점의 수와 조사 빈도를 정해야 하나, 실제로는 사용 가능한 시간과 재정적인 범위 내에서, 통계적 신뢰성에 대한 요구를 만족시키는 수준에서 타협이 필요하다.

- 정점 수 설정에 대한 보편적인 규칙은 없으나, 유류오염의 지리적 분포

차이를 반영하고, 전반적인 오염수준을 이상적으로 대표할 수 있도록 선정하여야 한다.

- 자연적 환경요인에 의한 농도의 차이를 배제할 수 있도록 가능한 유사한 환경 조건을 가지고 있는 정점들을 선정하여 비교해야 한다. 단, 환경 (서식처) 차이에 따른 농도 차이를 파악할 수 있도록, 서식처, 퇴적형태 등 각 환경 특성별 정점을 포함한다.

- 인간의 활동이나 기타 다른 오염 요인에 의해 오염물이 유입되는 지역을 피해서 설정한다.

- 시간변화에 따른 반복적인 시료채취를 위해 접근성이 좋은 곳을 선정해야 하지만, 많은 사람들이 방문하여 교란시킬 수 있는 지역은 피한다.

- 눈에 띌 만한 특별한 표식을 설치하지 않고도 쉽게 다시 찾아갈 수 있는 장소를 선정하며, GPS와 사진, 지도 등을 이용하여 정점을 고정하고 새로운 조사자들이 같은 정점에서 시료를 반복 채취할 수 있도록 한다.

- 각 정점에서 시료채취는, 선택적 시료채취, 무작위 시료채취, 일정한 간격의 시료채취로 설정할 수 있다. 완전 무작위 시료채취도 가능하지만 시간과 비용 측면에서는 혼합채취와 같이 분석의 특정 요소들을 무작위로 만들 수도 있다.

- 반복적인 시료채취의 빈도는 모니터링의 목적과 측정되는 매질 및 분석항목의 특성에 따라 달라질 수 있다. 일반적으로 사고 초기에는 급격한 농도변화를 감지할 수 있도록 반복 빈도를 높여야 하며, 이후 시간이 지날수록 시료채취 간격을 벌릴 수 있다.

- 비교적 농도감소가 느린 퇴적물에 비해 더 빠른 속도로 농도가 감소하는 해수에서 초기 모니터링 빈도를 높일 필요가 있다.

● 특히 사고 초기에 모니터링 빈도를 정하는 데 있어, 최소한 다음의 단계를 포함하면 초기의 빠른 오염현황 변화를 기록할 수 있으며, 사고 이후 각 단계 변화에 따른 다양한 정보를 확보할 수 있다.

단 계	내 용
유출 전 사전조사	사고가 발생하기 이전에 실시된 배경농도 조사(baseline study)
유출 후 사전조사	아직 오염되진 않았지만 기름이 확산되어 오염될 가능성이 있는 해안을 포함시켜, 기름이 유입되기 전에 신속히 시료를 채취함으로써 직접적인 영향을 받기 이전의 정보를 확보한다.
방제 시작 이전 조사	이미 기름에 의해 오염되었으나 아직 정화작업이 시작되지 않은 해안에 대해 조사함으로써 기름오염에 의한 직접적인 영향을 파악한다.
방제 시작 이후 조사	정화작업이 시작되어 진행되고 있는 중에 조사를 실시하여, 정화작업의 효과, 정화작업의 영향 등을 모니터링한다.
1차 방제 종료 후 조사	초기 방제 종료 후 조사를 실시하여, 방제의 효과, 오염영향의 잔존 여부 등을 파악한다.
2차 방제 종료 후 조사(장기 조사)	방제 종료 후 눈에 보이는 기름은 사라졌으나, 해양환경 내에 잔존할 수 있는 영향을 지속적으로 감시한다.

9.2.4 모니터링의 단계

● 체계적이고 효율적인 모니터링을 수행하기 위해서는 다음의 단계를 따르는 것이 바람직하다. 하지만 긴박하고 급변하는 사고 초기 현장 상황에서는 단계별 순차적인 진행보다는 앞 단계의 결과를 바탕으로 한 동시적인 접근 또한 필요하다.

단 계	내 용
유류표착해안 유징분포 조사	유류오염 현장 모니터링을 시행하기 위해서는 기본적으로 유출된 기름의 분포 및 잔류현황 파악이 선행되고 이를 바탕으로 조사 계획을 수립하여야 한다. 초기의 오염 현황은 해양경찰청 등에서 제공하는 오염현황 정보를 활용할 수 있다. 이후의 주기적인 조사를 위해서는 추가적인 유징분포 조사를 통하여 유류오염 잔류현황을 파악하고 이를 향후 모니터링에 반영해야 한다. 유징분포 조사 방법은 부록 1(유류표착해안 유징분포 조사 방법)을 참조한다.

단 계	내 용
오염지역 신속 스크리닝	효율적이고 경제적인 조사 수행을 위해서는, 조사 초기 단계에서부터 다매체 정밀 분석을 실시하기보다는, 전반적인 오염현황을 신속하게 파악할 수 있는 스크리닝 기법 도입이 권장된다. 이를 바탕으로 추가적으로 정밀한 조사가 필요한 지역의 선정, 추가 조사 빈도 등을 결정할 수 있다. 신속 스크리닝은 주로 해수와 모래해안 공극수를 대상으로 이루어지며, 현장에서 빠르게 적용 가능한 자외선형광분석법이 주로 사용된다. 신속 스크리닝 방법은 부록 2(해수 및 공극수 내 유류오염 스크리닝)를 참조한다.
다매체 유류오염 정밀 조사	모니터링 대상 지역 및 정점이 결정되면 각 정점의 해수, 퇴적물, 공극수, 서식 생물 등에 대한 다매체 유류오염 분석을 실시한다. 다매체 유류오염 분석의 대상 화합물은 총석유계탄화수소(Total Petroleum Hydrocarbon; TPH), 다환방향족탄화수소(PAHs)를 기본으로 하며, 오염원 식별을 위한 유지문 분석을 위해서는 석유계 바이오마커(petroleum biomarker)를 분석한다. PAHs 분석 시에는, 유류에 다량 함유되어 있고, 유류오염 영향을 잘 나타낼 수 있는 알킬화된 PAHs를 반드시 포함한다. 다매체 유류오염 분석방법은 부록 3~5를 참고한다.
오염잔존 우심해역 정밀 조사	사고 해역의 전반적인 오염과 영향 범위를 파악할 수 있는 대표정점 위주의 다매체 모니터링 외에도, 유류가 장기간 잔존할 것으로 의심되는 해역/지역에 대해서는 우심해역 정밀조사를 실시할 수 있다. 또한 대표정점 조사를 통해 전반적인 유류오염 영향이 감소한 것을 확인한 이후에라도, 펄갯벌 지역, 호박돌 해안 등을 비롯한 일부 지역에서는 표면아래에 잔존유가 장기간 남아 있을 수 있으므로 이에 대한 정밀 조사가 필요하다. 우심해역 정밀조사는 필요에 따라, 유징분포 조사, 스크리닝 조사, 다매체 평가 등을 포함한다.

9.2.5 모니터링의 항목

● 유류오염 평가를 위해 다음의 항목들을 확보하고 평가한다.

항 목	내 용
유출유	유출원에서 직접 채취한 시료는 해양환경에서 검출되는 유류오염의 원인을 식별하기 위한 유지문 분석에 있어 매우 중요하다. 이를 위해 TPH, PAHs, 석유계 바이오마커 화합물 등을 분석한다.
잔존유	수층에 남아 있거나 해안가에 표착한 잔존유를 채취하여 유출유와의 동질성 파악을 위해 유지문을 분석한다.
해수	수층 내 탄화수소류를 분석하며, 환경기준, 사고 이전 농도 또는 배경농도 수준으로 낮아질 때까지 주기적으로 반복하여 채취 및 분석한다.
퇴적물	퇴적물 내 탄화수소류를 분석하며, 사고 이전 농도 또는 배경농도 수준으로 낮아질 때까지 주기적으로 반복하여 조사한다.
공극수	퇴적물 내 탄화수소류 분석이 어려운 조립질 퇴적물, 즉 모래, 자갈 해안 등에서는 퇴적물 사이의 공극수를 채취하여 탄화수소류를 분석한다.

항 목	내 용
생물조직	사고 해역에 주로 서식하는 생물체 내 탄화수소류를 분석한다. 모든 조사 정점에서 광범위하게 서식하는 생물을 선정하도록 하며, 주로 굴 또는 홍합 등의 이매패류가 주로 사용된다. 그 외에도 사고 해역의 주요 수산물 등 사고에 의해 영향을 받을 수 있는 해양 생물도 확보한다. 생체 내의 탄화수소류 농도가 사고 이전 또는 배경농도 수준으로 돌아올 때까지 주기적으로 반복하여 조사한다.

9.2.6 기타

● 화학적 유류오염 모니터링 조사와 생물학적 생태계 영향조사가 서로 다른 기관 또는 연구자에 의해서, 각기 다른 정점 및 기간에 수행되면 자료 사이의 연계성이 떨어지고 자료 간 비교 및 상관관계 입증도 어렵게 된다. 따라서 조사 주체 간에 사전에 상호 협의하여 조사 계획을 수립하도록 한다.

9.3 모니터링의 시행(현장 조사)

● 시료 채취 시에는 방법, 시기, 장소, 대상 등 모든 면에 있어서 일관성을 유지하는 것이 중요하다.

● 표준화된 시료 라벨을 준비하여 시료의 채취 장소, 일시, 채취자에 대한 정보를 기록해야 하며, 공동 시료채취 작업에서 얻은 시료는 함께 작업한 사람의 이름과 연락처를 표시한다. 이와 같은 자료는 실험실로 돌아와 스프레드시트 등으로 목록화하여 관리한다.

● 현장자료의 기록, 시료의 이동 및 보관, 시료 간 교차오염에 주의하는 적절한 취급 및 보관 등에 관한 규정이 정립되어 있어 항상 이를 따라야 하며, 시료의 취급, 저장, 이송과 관련된 일련의 과정들은 문서로

기록되어야 한다.

9.3.1 유출원 및 유출유 시료의 확보

- 유출유 시료는 유출원에서 직접 수집되어야 하나, 유출원에서 시료를 얻을 수 없는 경우는, 최대한 오염원에 가까운 지점에서 바로 유출된 시료를 수집해야 한다. 유출원에서 직접 채취하지 못했을 경우에는 해양경찰청 등의 협조를 받아 확보할 수 있다.
- 화물탱크에 있는 유류는 일반적으로 한 위치에서 채취될 수 있지만, 벙커 탱크나 빌지에 있는 유류는 충분히 균질하지 못하기 때문에 탱크의 위, 중간, 그리고 바닥 등 탱크 내 여러 깊이에서 채취하여야 한다.
- 유출유 시료는 유출유의 물리·화학적 특성 파악 및 현장에서 검출되는 유류성분의 식별을 위한 유지문 분석용으로 활용한다. 또한 유출된 기름의 독성과 생물검정 연구를 위해 필요하므로 최대한 확보해야 한다.
- 수면에 부유하는 유류는 시료 채취병이나 흡착패드를 이용하여 채취한다. 시료 채취선박에서 배출되는 다른 오염원을 피하기 위하여 반드시 채취선박의 뱃머리에서 시료를 채취한다.
- 얇은 유막 시료는 특수하게 제작된 가는 시료채취 그물망(테플론)을 사용한다. 얇은 유막시료는 현장 오염의 위험이 크므로, 사용되지 않은 동일한 흡착제(blank 시료)를 품질관리를 위해 확보하여야 한다.
- 해안가에 표착한 유류는 스테인레스 스푼을 이용하여 모래와 기타 찌꺼기 등을 최소화하여 시료병에 담는다.

9.3.2 해수 시료의 채취

- 시간 경과에 따른 유류오염의 분포나 유류의 분산 정도를 파악하기 위해 표층 및 수층 시료를 채취한다.
- 잠재적으로 오염의 영향을 받을 수 있는 해역 전반에 걸쳐 시료를 채취할 수 있도록 정점을 선정한다.
- 조간대의 경우, 해안선을 따라 선정된 정점의 일정 깊이에서, 표층 유막에 오염되지 않도록 원하는 수심에서 장치가 열리고 닫히게 함으로써 시료를 채취한다.
- 조간대에서 해수 시료는 오염현황을 최대한 반영하기 위하여 만조 시에 채취하며, 모든 정점에서 동일한 조위(만조) 때 채취하도록 한다.
- 최소 1리터의 해수를 미리 용매 세척된 금속 또는 유리 용기에 채취한다. 시료 채취장비 또한 미리 세척되어야 하며, 각 시료 사이에도 용매를 이용해 세척한다.
- 채취된 시료는 염산을 이용하여 pH 2 이하로 산성화시키고 분석 전까지 4°C 이하에서 보관한다. 또는 시료 내부 상부공간을 불활성 기체로 채운다.
- 시료 채취와 동시에, 해수면에 기름이 눈으로 확인될 경우에는 반드시 기름의 성상 및 양을 기록한다.

9.3.3 퇴적물 시료의 채취

- 사고의 영향을 파악하기 위해서는 해변, 조간대, 연안 조하대, 외해 조하대 전반에 걸쳐 조사 지선 또는 격자상을 설정하여 시료를 채취한다.
- 기름에 의해 뚜렷이 오염된 퇴적물은 주로 유지문 분석 목적으로만

시료를 채취한다. 뚜렷이 오염된 퇴적물은 사진을 촬영하고 오염 양상 및 규모를 정확히 기록한다.

- 약 100g 이상의 시료를 채취하며, 퇴적물 내에 오염물질이 불균일하게 분포하므로 복수의 시료를 채취하는 것이 권장된다. 주로 정점 주위에서 3개 시료를 무작위로 채취한다.
- 퇴적물의 성상 정보 또한 기록해야 하며, 퇴적물 입도분석이 권장된다.
- 조하대 퇴적물은 선박을 이용하여 그랩(grab)으로 채취하며, 조간대 퇴적물은 표면을 스테인레스 스푼으로 긁어 내어 유리병에 담는다.
- 그랩 등 시료 채취 장비는 중간중간에 적절한 용제로 세척해 준다.

9.3.4 모래해안 공극수 시료의 채취

- 퇴적물 분석이 용이하지 않은 모래, 자갈 등의 조립질 퇴적물 해안에서는 공극수 내 유류오염 분석이 권장된다.
- 미리 세척된 삽을 이용하여 표면 아래 약 30~50cm 깊이로 구덩이를 판다.
- 파인 구덩이의 전체적인 벽면을 통해 스며 나와 고인 물을 미리 세척된 유리병에 채취한다. 물이 스며 나오지 않을 때는 보다 낮은 조위 쪽(바다 쪽)으로 정점을 이동하여 채취한다.
- 한 구덩이에서 여러 개의 시료를 채취할 필요는 없으나, 정밀한 유류오염 분포 파악을 위해서는 조위별 또는 격자상 정점을 선정하여 다수의 시료를 확보하여 분석한다.
- 공극수 채취 시 공극수 표면에 유막의 형성 여부, 특성 등을 기록한다.
- 시료 간 교차오염이 발생하지 않도록 주의하며, 시료 채취를 위한 삽은 오염 시 적절한 용매로 세척 후 사용한다.

9.3.5 생물 시료의 채취

- 생물 시료는 조사 목적과 서식지 등에 따라 다양한 생물종을 포함할 수 있다. 하지만 일반적인 유류오염 모니터링을 위해서는 다양한 종에 대한 영향을 기록하려고 하기보다는 핵심 지표종을 이용하여 생태계에 대한 영향과 경향에 초점을 맞추는 것이 좋다.
- 이매패류는 해수 내 기름을 체내에 축적하는 속성을 가지고 있어 유용한 기름오염 생물지표이다. 반면 식물은 일반적으로 유출된 기름을 체내조직에 축적시키지 않기 때문에 시료로 적당하지 않다. 목적에 따라 갑각류 또는 기타 상업적 가치가 있는 어종을 채취할 수 있으나, 오염과 연관성을 분석하기 위해서는 오염지에 서식하고 있는 토착종이 적합하다.
- 채취된 시료는 가능한 빨리 분석해야 하며 분석 전까지 냉동보관한다. 지역 오염수준의 대표성을 확보하기 위해서는 세 곳의 다른 장소에서 20개체 이상 채취해서 혼합해야 한다.
- 생물 시료들을 어민에게서 직접 구할 수도 있겠지만, 시료의 채취 위치, 시기에 관한 정보 확보와 교차 오염의 위험을 줄이기 위해서는 반드시 시료 채취팀과 함께 시료채취가 이루어져야 한다.

9.3.6 시료의 보존

- 시료는 채취된 후 분석 전까지 냉장 또는 냉동 보관될 수 있다.
- 물과 퇴적물 시료는 실험실로 운반이 지연될 경우 원래의 상태를 유지하기 위하여 현장에서 보존처리 되어야 한다. 시료들을 산성화시키거나 살생물제를 첨가해야 하며, 채취한 당일에 용매추출하는 것이 가장

바람직하다.

9.4 시료의 분석

- 유류오염 시료를 분석함에 있어 한 가지 기준이나 가이드라인이 정해
  진 것은 아니다. 아래와 같은 공인된 기관에서 발간한 분석법을 따르
  거나 이 지침서에 첨부된 방법을 따를 수 있다.
  ☞ 미국환경보호청(EPA), 미국재료시험협회(ASTM), 해양환경공정시
     험법
- 실험실에 도착한 시료는 이물질을 제거하고 탄화수소화합물 농축을
  위하여 일반적으로 용매추출법과 크로마토그래피법을 사용한다. 시료
  내 탄화수소 분자를 분리, 측정하기 위해서 가장 일반적으로 사용되는
  기법은 기체크로마토그래피(Gas Chromatography; GC)이다.
- 하지만 필요 이상의 많은 시료를 분석하지 않기 위해서는 GC-FID 또는
  자외선형광분석법(Ultraviolet Fluorescence Spectrometry; UVF) 등을
  사용하여 보다 자세한 조사가 필요한 시료를 선별해 낼 수 있다.
- GC-FID로 유출유 식별의 결론에 이르지 못하거나, PAHs나 바이오마커
  화합물과 같은 특정 화합물을 양적으로 표시해야 할 필요가 있을 경우
  는 GC-MS를 사용한다. 일반적으로 유출원 식별을 위한 정성적 분석을
  위해서는 GC-FID, GC-MS를 사용하고, 환경 중 총탄화수소 농도를 감
  시할 목적이라면 GC-FID 또는 UVF 기술을 사용한다.
- 유류오염의 영향을 정확히 파악하기 위한 PAHs 분석은 일반적으로 측
  정되는 16종 PAHs뿐만 아니라 유류 내에 다량 함유되어 있는 알킬

PAHs를 반드시 분석해야 한다.

9.4.1 해수 시료의 분석

- 시료 내 기름이 눈으로 확인될 경우에는 눈으로 확인되는 기름의 특성
  과 양을 기술한다.
- 오염원 확인을 위한 유지문 분석을 위해서는 다환방향족탄화수소, 바
  이오마커 화합물 등을 분석한다.
- 해수 내 총유분 농도의 분석과 경향 파악을 위해서는 GC-FID 분석법
  이 일반적이나, 많은 양의 시료를 빠르게 분석하여 선별할 필요가 있
  거나 현장에서 신속히 분석할 필요가 있을 경우에는 자외선형광분석
  법을 사용한다.
- 해수의 유류오염 분석은 부록 2(해수 및 공극수 내 유류오염 스크리닝)
  와 부록 3(해수 내 유류오염 분석)을 따른다.

9.4.2 퇴적물, 생물 시료의 분석

- 유류오염 영향 및 시간적 변화를 파악하기 위하여 GC-FID를 사용하여
  총유분 농도를 분석하며, GC-MS를 사용하여 알킬화된 PAHs를 포함한
  다환방향족탄화수소를 분석한다.
- 퇴적물과 생물 시료의 분석은 부록 4(퇴적물 내 유류계 탄화수소 분석)
  또는 부록 5(생물체 내 유류오염 분석)를 따른다.

9.4.3 모래해안 공극수 시료의 분석

- 공극수 시료도 가스크로마토그래피를 이용하여 정밀한 분석이 가능하다.

하지만 공극수 분석의 주요 목적은 신속하게 오염해안을 스크리닝하는 것이므로 이를 위해서는 자외선 형광분석법이 적합하다.
- 자외선 형광분석법을 이용한 총유분 분석은 부록 2(해수 및 공극수 내 유류오염 스크리닝)를 참고한다.

9.4.4 자료의 질 검정

- 현장 복수 시료: 동일한 위치에서 동일한 장치와 절차를 사용하여 두 개 이상의 동일한 시료를 채취하여 분석한다. 이는 시료 간 차이를 확인하기 위하여 사용된다.
- 실험실 복수 시료: 채취된 후 완전히 균질화된 시료를 두 개로 분리하여 분석한다. 이는 실험실 분석의 정밀성을 점검하는 데 사용된다.
- Blank 시료: 현장에서 시료채취 중 오염과 실험실 내 오염을 감시하기 위하여 현장 blank 시료와 실험실 blank 시료를 분석한다.

9.5 모니터링 결과의 해석

- 조사결과를 이용하여 대상 해역에서 유류오염 영향 여부 및 지속 기간 등을 판단하기 위해서는, 단순히 조사결과치만을 나열할 것이 아니라 다음과 같은 자료들을 확보하여 해석 및 비교하여야 한다.

9.5.1 시료의 유출유에 의한 오염 여부 파악

- 다양한 크로마토그래피 분석법(GC-FID, GC-MS 등)을 이용하여 오염 농도 파악은 물론 오염원과의 유지문 일치 여부를 판단한다.

9.5.2 유출 전 자료 및 유출 후 자료 비교

- 유류오염 사고의 영향인지 자연 변동에 의한 결과인지를 확인하기 위해서는 오염지역 또는 이와 유사한 환경을 가지고 있는 지역의 유출 전 자료를 확보하고 비교 분석한다. 이를 위해서는 사고 인근의 잠재적 영향지역에서 기름이 직접 유입되기 이전에 신속하게 시료를 채취하는 것이 필요할 수도 있다.

- 사고 영향을 파악하기 위해서 총유분, PAHs와 같은 유류오염과 직접 관련된 변수를 비교하여야 하며, 유출 전 자료의 위치가 사고 지역과 동일하거나 신뢰성 있게 직접 비교가 가능한 지역이어야 한다. 또한 사고 이전 자료를 확보할 때는 너무 오래되지 않은 자료를 확보해야 한다.

- 이전 농도자료와 비교를 위해서는 이전에 사용된 분석기법과 비교 가능한 분석기법(분석기기, PAH 개별화합물 개수 등)을 사용하여 그 값들을 비교 분석해야 한다.

- 또한 유출 전후의 비교는 동일한 성상 또는 조직의 물질을 대상으로 이루어져야 한다. 예로, 근육 시료와 간 시료의 비교, 사질퇴적물 시료와 니질퇴적물 시료의 비교는 적절하지 않다.

9.5.3 오염지역과 비오염지역 자료의 비교

- 유출지역과 유사한 서식지 유형 그리고 유출지역의 사고 전 환경 상태와 최대한 유사한 지역을 비교지역으로 선정한다.

- 일반적으로 10개의 오염지역과 5개의 대조구 비율로 선정한다.

- 사고 지역과 비오염 지역의 시계열 비교를 통하여 자연적으로 발생하는

변동성 또는 계절적 변화를 유류오염 영향과 구별해 낼 수 있다.

9.5.4 환경기준치 또는 독성 농도수준과 비교

- 측정된 자료를 법적인 기준치 또는 문헌 등에서 제시하는 독성영향 자료와 비교 분석하여 유류오염의 영향 여부를 판단한다.

9.5.5 유류오염의 시 · 공간적 범위 파악

- 앞에서와 같이 유지문 분석, 사고 이전 자료 비교, 비오염 지역과의 비교, 환경기준치 등과의 비교를 통해 유의하다고 판단되는 수준의 유류오염을 나타내는 지역적 범위와 시간적 범위를 파악한다.

9.5.6 회복 모니터링

- 회복이 진행되고 있는지 확인하고 회복 과정을 기술하기 위하여 대조구를 포함한 오염지역의 몇 개의 정점을 지속적으로 모니터링한다.
- 유류오염의 감소가 명확하게 확인되고 이것이 대조구에서 자연적 변화와 구별이 된다면 이는 피해가 발생했다는 것을 증명하는 것이다.

생태독성 평가방법

10.1 서론

　해양으로 유출된 유류는 해양매질과 결합한 형태로 국지적으로 잔존하면서 연안환경에 서식하는 생태계에 장·단기적 위해를 미친다. 사고의 규모와 해역의 특성, 기상여건, 방제 시기, 방법, 과정 등에 따라 그 영향의 정도는 달라질 수 있으며, 유출유의 노출(exposure)과 영향(effect)에 대한 인과관계를 정량적으로 파악하기 위해서는 사고 직후부터 체계적인 장·단기적 생태독성 모니터링이 필요하다. 해양에 대량의 기름이 유출되면 유출해역 생태계의 특성에 따라 해양포유류, 바다새, 어류, 이매패, 단각류 등 서식처별로 다양한 해양생물들이 유출 직후 급성독성영향으로 인해 폐사될 수 있다. 뿐만 아니라, 유출해역에서 생존한 생물들은 아치사 수준의 유류농도에 만성적으로 노출되면서, 해양생물의 발암, 생식저해, 발생독성, 조직손상, 호흡과 성장 및 면역에도 영향을 받는다고 알려져 있다. 따라서 일단 유류 유출사고가 일어나면, 최종적으로 유출유로 인한 해양환경 영향의 정도, 범위, 지속성을 명확히 파악하기 위해서는 모니터링 계획단계에서부터 유류오염 평가, 생물영향평가, 생태계영향 평가 분야가 유기적으로 협력하고, 상호 간의 모니터링 정보를 교환하면서 수행해야 한다.

생태독성 및 생체지표 모니터링은 유출유로 인한 영향이 생태계 수준(군집)으로 파급되기 이전인 조기에 독성을 평가할 수 있는 장점을 가지고 있어, 가장 최근 그리고 현재 진행형의 유류오염 영향을 파악하기에 적절하다. 또한 다양한 해양매질(해수, 퇴적물, 공극수)의 독성영향을 실시간 평가함으로써 유류오염의 추이와 인과관계를 밝힐 수 있는 유용한 정보를 획득할 수 있다. 유류오염으로 인한 생태계 수준(군집)의 영향은 장시간(수개월에서 수년)이 지난 후 나타날 수 있으므로, 반응시간이 짧은 (수시간에서 수일) 생체지표를 동반 분석함으로 신속한 대응마련에 기여할 수 있다. 전 세계적으로 활용되고 있는 대표 생체지표로는 유류오염 추이와 상관성이 검증된 쓸개즙 대사산물(1-OH pyrene 등)과 해독효소 (EROD, CYP1A 등)를 들 수 있다. 유출 해역의 생태·지리적 특성, 모니터링 예산규모 등 다양한 내·외적 요인과 목적에 따라 모니터링의 목적이나 우선순위 그리고 수행기법 등은 변경될 수 있고, 유출 초기에 충분한 양과 정점을 확보하지 못하게 되면, 향후 결과해석에 심각한 오류를 범할 수 있으므로 모니터링 목적에 적합한 방법과 대상을 신중하게 결정하는 것이 가장 중요하다.

본 장에서는 가장 일반적인 유류 유출사고 영향을 받은 해역의 해양환경 시료를 대상으로 한 생태독성 및 생체지표 모니터링의 계획 단계에서 사전에 알아야 할 사항, 해양 환경의 다양한 매질별(해수, 퇴적물, 공극수) 시료와 유출지역 생물시료(어류 및 이매패)에 대한 채취, 운송, 보관 방법 및 시험법 그리고 각각의 단계에서 과학적으로 신뢰할 수 있는 자료 생산을 위해 점검이 필요한 정도관리 항목 등을 소개하고 있다.

10.2 모니터링 계획수립

10.2.1 모니터링 대상 지역의 선정

사고 직후 모니터링 대상 지역의 범위는 유류의 영향을 받았다고 판단되는 지역뿐 아니라 겉으로는 유류의 영향이 없을 것으로 예측되는 지역까지 광범위하게 포함하여야 한다. 실제 눈에 보이지는 않는다 하더라도 지질학적 변동에 의하여 잔존 유류의 영향이 나타날 가능성이 있기 때문이다. 대상지역은 지형적으로 뚜렷이 구분되는 지역단위, 행정구역상 구분이 되는 단위, 해류나 조석의 방향, 세기 등이 뚜렷이 달라지는 지역단위 등으로 나누어서 선정한다. 각 지역단위 내에서는 그 지역을 대표할 수 있는 시료채취 지점을 선정하여야 한다. 대표 지점의 선정은 각 지역단위의 전형적인 물리, 화학, 지질학적 특성 및 유류오염의 정도 또한 그 지역단위를 대표할 수 있다고 판단되는 지점을 선정한다.

특히 모니터링 대상지역의 선정에 가장 중요한 부분은 유류의 오염이 분명하다고 판단되는 지역의 선정뿐 아니라, 유류의 오염이 전혀 없다고 판단되는 지역(대조 지역)을 필히 포함하여야 한다는 것이다. 일단, 모니터링 대상지역이 결정되면 유출사고 이전의 생태계 자료를 확보하는 것에 주력해야 한다. 이는 사고 이전 자료, 유출지역 모니터링 지역 자료와 대조 지역의 자료를 함께 비교분석함으로써, 유출사고 이후 생태독성 모니터링 지역의 범위, 시기, 영향의 정도를 정확하게 파악할 수 있기 때문이다.

대조지역은 모니터링 지역과 유사한 물리, 화학, 지질학적 특성을 갖는 지역을 선정하는 것이 중요하며, 유류오염뿐 아니라 다른 인간 활동에 의한 오염의 영향이 나타나지 않는 지역을 선정하여야 한다.

장기적인 모니터링의 경우, 유류의 잔류성분이 오랫동안 머무를 가능성이 있다고 판단되는 지역(예: 유류오염이 가장 심하게 나타난, 퇴적층 내에 파묻혀서 풍화에 오랫동안 견딜 수 있는 지역 등)과 매체를 선정하여 단기 모니터링 결과를 고려하여 결정한다. 계절적으로 지형의 변화, 또는 해양 환경의 물리적 특성의 변화가 심한 지역, 주기적인 준설이 있는 지역, 주위에 각종 연안 시설(항만, 공단)이 있는 지역, 건설 작업 등과 같이 인위적인 환경 변화 활동이 있어 유류의 장기 잔존이 어렵다고 판단되는 지역은 장기 모니터링 대상으로 적합하지 않다.

10.2.2 시료채취 전략 수립

시료채취 전략은 무작위 채취(random sampling)와 추적 채취(targeted sampling)로 크게 나눌 수 있다. 무작위 채취는 말 그대로 조사 지역에서 시료채취 위치를 무작위적으로 선정하는 방법이다. 무작위 채취는 연구자의 주관이 전혀 개입되지 않기 때문에 현장의 상태를 객관적으로 평가할 수 있다는 장점이 있는 반면, 현장의 오염상태가 불규칙적일 경우 현장의 대표성을 확보하기 위해 시료의 개수가 충분히 많아야 한다. 현장의 오염상태를 전혀 알 수 없는 유류 사고 초기에는 조사지역에서 다수의 시료를 무작위로 채취한 후, 충분히 대표성이 있는 자료를 산출하여야 하며, 어느 정도 자료에 대한 정보가 축적되면 시료채취 정점의 위치와 개수를 조정할 수 있다. 추적 채취는 사전 정보가 충분히 있을 경우 특정 위치를 선정하여 반복적으로 채취하는 방법이다. 오염 퇴적물에 존재하는 잔존 유류 독성의 장기간 변동을 모니터링하고자 할 경우, 미리 조사지역과 시료채취 위치를 정해놓고 동일 지점에서 주기적으로 시료를 채취하는 것이 좋다. 시료채취 위치는 조사지역을 가장 잘 대표할 수 있는 위치로 선정한다.

해양생물의 독성영향평가 시료의 경우 기름 유출 해역의 가시적인 기름이 모니터되는 우심해역을 중심에 두고 유류의 확산영향이 최소화될 것으로 예상되는 지역까지를 일정한 간격으로 대상생물의 서식처에서 시료 채취를 하는 것을 기본으로 한다. 다만, 어류를 비롯한 유영생물의 경우, 어종의 기본적인 이동거리에 대한 정보를 필수적으로 파악하여, 이동거리가 큰 이동종과 채취지역 인근에 머무르는 주거종을 고려하여 시료채취 대상종으로 선정한다. 어류를 비롯한 해양생물은 계절(수온, 일장)에 따른 일정한 생리·화학적 주기를 가지고 있으므로, 장기 모니터링의 경우 유출 사고시점에 동일한 정점, 유사한 환경조건(계절, 수온, 일장)에서 동일한 종을 채취하는 계획이 바람직하다. 모든 생태독성 시험 결과로부터 시료의 독성 유무의 판단은 통계적인 방법을 이용한다. 통계처리를 위한 최소 반복수가 3개이기 때문에, 동일 채취 위치에서 시료의 개수는 최소한 3~6개체 이상으로 하는 것을 원칙으로 한다.

10.2.3 현장 사전정보 수집

모니터링을 실시하고자 하는 조사지역에 관하여 다음과 같은 사전정보를 미리 수집하는 것이 모니터링 수행과 모니터링 결과의 해석에 큰 도움이 될 수 있다.

- 유류 유출사고가 발생한 지점으로부터의 위치, 주변 해역의 해류 방향, 조석 주기 등
- 모니터링 지점 및 주변의 자연적인 침식, 퇴적 속도 및 범위, 계절적인 기상 변동 등
- 항만, 공단, 도시 등과 같이 유류 유출사고 이외의 오염원이 존재하는지 여부 등
- 유류 유출사고 이전의 학술 연구 자료(환경 및 생태계) 혹은 오염 현황 자료
- 유류 유출사고 해역에 서식하는 주요 생물군 파악 및 사고 이전 오염 현황 자료 확보
- 모니터링 대상생물의 경우 서식 지역, 생산량, 섭식형태, 이동거리, 생활사 등에 대한 기초 자료 확보
- 유류 사고 이후 방제 활동 여부 및 어떠한 형태의 방제가 이루어졌는지에 관한 자료
- 동일한 지점에서 동일한 방식으로 장기간 현장 조사가 가능한지 여부 등

10.2.4 현장조사 준비사항

생태독성 모니터링을 위한 현장 조사를 실시하기 전에는 다음과 같은 사항을 꼼꼼히 확인할 필요가 있다.

- 시료 채취 위치에 관한 지형학적 정보
- 조사지역 및 시료 채취 지점의 접근성
- 현장 조사 요원의 현장 이해도와 조사 숙련도

- 필요시 선박 혹은 특수한 장비의 작동을 위한 자격증 소지
- 정확한 시료채취 위치를 찾을 수 있는 능력
- 시료 채취에 필요한 충분한 공간 확보
- 시료 채취에 필요한 장비와 기구 준비
- 현장 조사 시 외부와 연락 가능한 통신 수단 마련
- 채취된 시료의 신속한 운송과 안전한 보관을 위한 장비 준비
- 안전모, 안전화, 구명조끼, 응급약 등의 안전장치 준비
- 채취할 시료의 개수와 채취할 용량이 결정 여부
- 생태독성 시험생물과 실험실 준비
- 여분의 시료 채취기구나 장치 준비
- 현장시료 처리용 시약이나 기구 준비

10.2.5 안전관리 점검 목록

유류오염 현장은 인체에 좋지 않은 영향을 미칠 가능성이 항상 존재하므로 안전을 위한 사전 준비를 철저히 해야 한다. 현장 조사 시 안전을 위해 유의해야 할 사항은 다음과 같다.

- 위험한 상황이 발생할 경우 비상조치를 취할 수 있는 사람 또는 기관이 누가 있으며, 어디에 있는지에 관한 정보가 확보되어 있어야 한다.
- 원칙적으로 현장 조사는 혼자 실시하여서는 안 된다. 항상 숙련된 2인 이상 또는 팀 단위로 조사를 실시하여야 하며, 항상 서로의 위치 및 상태를 확인하며 조사를 실시한다.
- 현장 조사 요원의 건강 상태에 이상이 있는지 여부를 사전에 확인하

여야 한다.

- 현장 조사 요원 중 최소 2인 이상은 비상 시 대처 요령을 숙지하고 있어야 한다.
- 오염된 시료와의 접촉을 피하기 위한 마스크, 고글, 장갑, 방수복 등을 항상 착용하여야 한다.
- 선박을 이용하여 조사를 실시할 경우 구명조끼, 안전화, 필요시 안전모 등을 항상 착용하여야 한다.
- 선박에서 유영생물을 채취한 이후 생존한 상태로 실험실까지 안전하게 운반할 동선 등은 사전에 확인한다.
- 오염된 시료를 취급할 때는 환기가 잘 되는 곳이어야 하고, 피부 접촉 시 재빨리 세척할 수 있는 깨끗한 물이 준비되어 있어야 한다.
- 오염된 시료를 폐기하여야 할 경우에는 환경으로 폐기하지 않고, 적절한 폐기 용기에 담아서 폐기 절차에 맞게 폐기하도록 한다.

10.2.6 시료채취 유의사항

- 생태독성 및 생체지표 실험결과의 신뢰성은 시료채취의 방법, 운반, 저장 등에 크게 좌우되므로 계획수립단계에서부터 철저한 사전 준비(장비)와 숙련된 인력이 필요하다.
- 모니터링 계획이 수립되었다면, 유출사고 발생 직후 빠른 시간 내에 시료 확보는 매우 중요하며 가능하면 유류오염 모니터링 작업과 협력하여 시료를 채취하는 방법을 추천한다.
- 생태독성 평가를 위한 시료채취 작업에 있어 개별 시료의 정보(채취자, 위치, 일시, 환경자료 등)를 정확히 기록하고, 작업 중 표착된

유류 또는 시료 간 교차 오염이 발생하지 않도록 주의를 기울인다.

- 유류오염의 정도와 범위를 고려하여 실험결과가 통계학적으로 유의한 수준의 판단이 가능한 시료채취와 수를 결정한다.
- 생태독성 평가 시료의 특성에 따라 시료채취기법, 방법, 횟수 등이 결정되어야 하며 특히 대조지역(비교지역)은 유류 유출지역과 물리·지질학적 환경이 유사하며, 유류오염원이 없는 해역으로 선정하여야 한다.
- 분석을 위한 시료는 매질에 따라 취급과 보관에 관한 적절한 규정에 따라야 한다.

10.3 해수 생태독성 모니터링

해수 생태독성 모니터링은 실험실 시험 분석을 위해, 일부 항목의 현장측정, 시료의 수작업 채취(수거) 그리고 운반 과정을 거쳐야 한다. 먼저 현장에 도착한 후 시료 채취지역의 위도와 경도에 대한 위치자료를 확보한 후 현장 측정은 전자수질센서를 이용한 기본수질과 필요에 의해 유류 특징적 감식을 병행한다. 수온, 용존산소, pH, 염분, 전기전도도, 탁도, 화학적·생물학적 산소요구량 등의 물리화학적 변수들을 측정한다. 필요에 따라 형광광도계(fluorometer)와 같은 장비를 이용하여 TPH(석유계 총 탄화수소)나 분산유의 농도를 측정한다. 기본수질 자료는 유류오염물질 모니터링과는 직접적인 연관성은 없으나 생태독성 모니터링 결과 해석에 필수자료이다.

10.3.1 시료채취 방법

시료를 채취하고자 하는 수심의 시료만을 선택적으로 취할 수 있는 전문 시료채취 장치를 이용하고, 표층 시료의 경우 버킷을 이용하여 간편하게 채취할 수 있다. 시료채취기의 사용이 능숙한 운용자로부터, 계획으로 정해진 채취 수심에서 수동으로 시료를 채취한다. 채취된 해수 시료를 일부 취하여 운반용 병으로 옮겨 담아야 하는 방식의 채취 장치라면 시료 보관 또는 운반용 용기로 분취 시 사용되는 튜브의 재질은 테플론(Polytetrafluoroethylene; PTFE)으로 사용을 권고한다. 시료 채취 용기는 운반 및 보관용기로도 사용되므로 유리 재질을 사용할 것을 권장한다. 시료를 채취 장치로부터 운반 및 보관 용기로 분취할 때 채취된 시료를 이용해 한번 헹구어 낸 다음 용기로 담는다. 시료의 양은 운반 및 보관 용기에 넘치도록 담아 용기 내 공기층이 없도록 주의하여 채취한다. 용기에 시료를 옮겨 담기 전 미리 용기의 라벨을 부착하여 라벨의 유실이나 미부착하는 실수를 미연에 방지해야 한다. 시료의 라벨은 그 시료가 언제, 어디에서, 누구에 의해, 무엇으로 채취되었는지에 대한 상세한 정보와 사용자가 시료를 식별할 수 있는 고유 표시를 담고 있어야 한다.

10.3.2 시료채취 용기

생태독성 시험은 여러 가지 여건으로 인해 현장에서 이루어지기 힘들다. 따라서 시료를 실험실로 옮겼을 때 시료의 변화 및 채취 현장과의 차이를 최소화해야 한다. 이때 시료와 가장 많은 시간 접촉하는 시료 용기는 재질이 아주 중요한 요인으로 작용할 수 있다. 따라서 적합한 용기를 사전에 준비해야 한다. 유류오염 모니터링에 사용할 수 있는 시료 용기는 라벨이 잘 부착된 입구가 좁은 갈색 유리병으로 테플론이나 알루미늄호 일로 안을 댄 뚜껑이 있어 밀봉할 수 있는 깨끗한 것을 적절한 처리(적 절한 유기용제 세척 또는 유기물 연소과정을 거친) 이후 사용을 권장한 다. 플라스틱 용기는 시료를 오염시키거나 변질시킬 우려가 있어 적합한 용기가 아니다. 용량은 시험의 목적에 따라 달라질 수 있으나 시험에 사 용하고 남을 정도의 충분한 양을 확보해야 한다. 그리고 동일한 시료를 분취하여 보관하여 사용할 수 있다. 따라서 사용량을 미리 산정하여 적 당한 용량의 용기 및 개수를 준비하여 사용한다.

10.3.3 시료 운송, 처리, 보관 방법

10.3.3.1 시료 운송

시료 채취 후 가장 빠르게 시료를 실험실로 운송하여 시험할 수 있도록 계획을 세워 시료의 가치를 잃어버리는 일이 없도록 하여야 한다. 해수 내 다환방향족 탄화수소를 측정할 목적이라면 전처리과정을 통해 생물 분해과정을 억제시키는 작업이 필요하므로, 해양 유류오염 모니터링 지 침서를 참고하도록 한다. 해수 시료는 주로 유리용기에 보관되므로 운송 전 포장에 대한 계획을 사전에 마련하여야 한다. 채취된 시료는 채취 이 후, 갈색 용기라 하더라도, 직사광선 노출을 피해야 한다. 자외선과 온도 변화는 시료의 성분변화와 독성의 변화를 가져올 수 있으므로 가장 주의 해야 한다. 시료를 실험실로 안전하게 운송할 수 있는 딱딱한 아이스박 스 사용을 권장한다. 아이스박스 내부에 얼음을 채워 온도를 낮게 유지 한다. 얼음은 별도의 포장을 하여 녹은 물이 아이스박스 내부로 흘러나 오지 않도록 하고 시료용기 사이사이에 위치하도록 한다. 그리고 얼음이 녹아 부피가 줄어들면 시료용기 상호 간 충돌로 파손의 위험이 있으니 충분히 보강하여 포장한다. 드라이아이스를 사용할 경우 특별한 주의를 기울일 필요가 있다. 드라이아이스와 시료 용기가 직접 접촉하면 결빙으로 인한 부피 팽창으로 용기가 파손될 수 있다. 드라이아이스를 이용하여 아이스박스 내부의 온도를 조절할 경우, 신문지 등으로 드라이아이스를 여러 겹 말아 시료 용기와의 직접 접촉을 피해야 하고 두꺼운 박스 등으로 시료와 드라이아이스를 분리하여 운송해야 한다. 드라이아이스 사용 시 너무 많은 양의 드라이아이스를 사용하면 접촉 없이도 시료가 결빙될 수 있으니 주의해야 하고 12시간 이상 보관 시 수시로 확인이 필요하다. 그리고 운송 시 차량의 적재함에 아이스박스가 위치해야 한다. 차량 내부에 승객과 함께 운송될 경우 반드시 수시로 창문을 열어 환기하도록 한다. 아이스박스 외부에는 물에 지워지지 않는 펜으로 사고명이나 시료채취 지역의 이름과 취급 담당자의 이름을 크게 명기하고 내부 시료의 취급과 관련된 정보(유리용기, 요냉장, 얼음/드라이아이스 확인 등)를 표기한다. 아이스박스 내부에는 시료의 목록표를 동봉하여 포장한다.

10.3.3.2 시험 전 해수 시료 전처리 방법

생태독성 모니터링을 위한 해수 시료는 현장에서의 특별한 처리는 필요하지 않으나 큰 이물질로 인한 폐쇄계에서의 흡착 또는 용출이 우려되거나 내서생물로 인한 기본수질의 변화가 일어나지 않도록 주의하여 채취하는 것이 좋다. 실험실로 운반된 시료는 형광등을 포함한 모든 광원으로부터의 자외선을 차단하고 꺼낸다. 동봉된 시료 목록표와 대조하여 손상된 라벨이 있으면 바로 복구하여야 한다. 시료는 상하로 흔들어 잘 혼합한 다음 시험에 사용할 만큼 별도의 유리용기에 옮겨 담아 여과한다. 해수 내 부유물질이 많이 포함된 경우 원심분리하여 상등액을 여과하여 시험에 사용한다. 여과방법은 PTFE 실린지 필터(syringe filter)를 이용하거나 유리섬유 여과지를 이용하여 가압 또는 자연압으로 여과하여 사용한다. 진공펌프를 사용하면 시료 내 용존산소 등 물질의 분압변화로 조성이 달라질 수 있으므로 생태독성 모니터링에 적합하지 않다. 여과 후 시료 표면에 유막이 관찰되면 분액여두를 이용하거나 유리관을 이용한 사이펀(siphon) 등으로 표층의 유막을 제외한 층의 해수만을 시험에 사용한다.

10.3.3.3 시료 보관

생태독성시험을 위한 시료는 채취 시간으로부터 가능한 한 최대한 빠른 시간 내에 시험에 사용하여야 한다. 생태독성 모니터링을 위한 일반적인 물 시료의 보관기간은 24시간 이내 일련의 채취과정이 종료된 채취행위 중 마지막 채취 종료시간으로부터 최장 36시간 이내로 권고하고 있다(EPA). 시료 내 물질의 휘발 그리고 또는 물질의 용기표면 흡착 등의 이유로 보관기간에 따른 독성의 차이를 나타낼 수 있기 때문이다. 따라서 해수 시료의 경우도 시료의 보관 기간이 최대 36시간을 넘지 않아야 한다. 그리고 시료는 절대 얼지 않도록 빛을 차단한 냉장상태(0~6℃)로 보관하여야 한다. 시료는 보관목록을 작성하여 목록과 동일하게 시료를 보관한다. 시료 보관 목록은 시료 입수 일자, 입수자, 시료목록, 보관위치 그리고 시료 입수 시 상태의 기록이 포함되어야 하고 시료와 함께 사본을 동봉하여 보관한다.

10.3.3.4 해수 생태독성 시험 방법

유류로 오염된 해수의 생태독성 시험은 일반적으로 적용되는 수생생물을 이용한 생태독성 시험법을 적용할 수 있다. 적용 대상 생물은 박테리아, 미세조류, 윤충류, 단각류, 패류, 어류 등이 있으며 각 시험생물에 대한 시험법이 제시되어 있다(표 10-1). 아래 제시된 시험 지침서 이외 열거하지 못한 지침서가 있으며 시험법은 조사 및 연구 목적에 맞도록 연구자가 판단하여 적용할 수 있다.

표 10-1 해수 생태독성평가 국내외 표준 시험 지침서

시험생물	발행기관	문서명(번호)
박테리아	해양수산부 ISO	해양 환경공정시험 기준 11348-1
미세조류	ASTM NIWA	E 1218-97a Marine Algae Chronic Toxicity Test Protocol
윤충류	ASTM	E 1440-91
단각류	해양수산부 USEPA	해양 환경공정시험 기준 EPA 600/R-01/020
패류	ASTM USEPA	E 724-98 EPA 712/C-96/160
어류	OECD USEPA	203, 204, 210, 212, 215, 229, 230 EPA 821/R-02/014

ISO: International Organization for Standardization
ASTM: American Society for Testing and Materials(USA)
NIWA: National Institute of Water and Atmospheric Research (New Zealand)
USEPA: US-Environmental Protection Agency(USA)
OECD: Organization for Economic Cooperation and Development

10.4 퇴적물 생태독성 모니터링

퇴적물의 생태독성 모니터링은 접근 전략에 따라 시료채취 방법에 있어 차이를 나타낼 수 있고 해양 유류 유출사고 시 유류의 확산 형태에

따라 다양한 전략을 취할 수 있다. 따라서 퇴적물 채취 대상지역 및 범위가 모니터링 전략에 의존적으로 달라질 수 있음을 염두에 두고 모니터링을 수행해야 한다.

10.4.1 시료채취 방법

해양 퇴적물의 채취는 크게 조간대와 조하대 두 가지로 나눌 수 있다. 조하대의 퇴적물은 주로 선박에서 채취되고 조간대의 퇴적물은 간조 시 도보로 채취될 수 있다. 조하대 퇴적물 채취는 주로 채니기(그랩, grab sampler)를 이용하여 수행한다. 다양한 크기와 작동방식의 채니기는 시판 및 제작을 통해 확보할 수 있다. 조하대의 퇴적물 채취 시, 수층을 통과하여 선상으로 회수할 수 있다. 따라서 수층을 통과하는 동안 내용물이 씻겨나가는 것을 잘 막아 표층 퇴적물을 확보할 수 있어야 한다.

조간대 퇴적물은 특별한 장치 없이 표층 스크래퍼(scraper), 스쿠프(scoop) 또는 스푼(spoon)을 이용하여 채취할 수 있다. 조하대 채취에 사용한 채니기의 입을 벌렸을 때와 동일한 넓이의 방형구를 만들어 채취 지점 표층에 위치한 후 적절한 도구를 이용하여 표층에서 약 3cm 깊이까지의 퇴적물을 시료 용기로 옮겨 담는다. 시료용기의 상층부 공기층이 최대한 없도록 하여 채취한다. 용기에 시료를 옮겨 담기 전 미리 용기의 라벨을 부착하여 라벨의 유실이나 미부착하는 실수를 미연에 방지해야 한다. 시료의 라벨은 그 시료가 언제, 어디에서, 누구에 의해, 무엇으로 채취되었는지에 대한 상세한 정보와 사용자가 시료를 식별할 수 있는 고유 표시를 담고 있어야 한다.

10.4.2 시료채취 용기

퇴적물 시료의 시료 용기로 폴리에틸렌 재질의 비닐주머니를 사용한다. 용기 표면의 흡착 및 시료의 오염을 방지하기 위해 유리 재질 용기를 사용해야 하지만 조간대 및 조하대 퇴적물 시료 채취 시 한정된 공간 및 도보 이동이 용이하지 않고 암반 및 해안 구조물 등으로 인해 유리재질의 시료 용기는 파손의 위험이 있어 비닐 주머니를 사용한다. 그리고 물과 달리 채취된 모든 퇴적물이 용기의 표면과 접촉하지 않아 물 시료에 비해 흡착이나 오염의 위험은 심각하지 않은 편이다.

10.4.3 시료 운송, 처리, 보관 방법

10.4.3.1 시료 운송

시료의 운송은 해수 시료 운송 내용을 참고한다. 단 아이스박스의 온도조절을 위해 드라이아이스의 사용은 적합하지 않다.

10.4.3.2 시험 전 퇴적물의 전처리 방법

실험실로 운반된 시료는 형광등을 포함한 모든 광원으로부터의 자외선을 차단하고 시료를 꺼낸다. 동봉된 시료 목록표와 대조하여 손상된 라벨이 있으면 바로 복구하여야 한다. 시료는 355 μm 표준체를 이용해 물을 가하지 않고 체질 후 아주 잘 혼합하여 갈색 유리병에 담아 시험 시까지 밀봉하여 냉장 암소에 보관한다. 한 지점의 시료를 체질한 다음, 사용한 체는 물로 헹군 후 유기용매(아세톤 또는 디클로로메탄)로 세척 건조 후 다음 시료를 처리한다.

10.4.3.3 시료 보관

생태독성시험을 위한 시료는 채취 시간으로부터 가능한 한 최대한 빠른 시간 내에 시험에 사용하여야 한다. 시료 보관 기간에 대한 권고치는 연구기관마다 차이가 있다. NOAA(National Oceanic and Atmospheric Administration, 미해양대기국)는 10일, ASTM과 USEPA는 2주, 그리고 US-ACE(Army Corps of Engineers)는 8주를 최대 보관 기간으로 권고하고 있다. 이는 퇴적물의 오염 정도와 성상에 따라 달라질 수 있어 가장 보편적인 해양환경의 모니터링에 널리 적용되고 있는 USEPA의 권고치를 적용함이 적절하다. 따라서 퇴적물 시료의 보관 기간이 최대 2주를 넘지 않아야 한다(USEPA, 2001). 그리고 시료는 절대 얼지 않도록 빛을 차단한 냉장상태(0~4°C)로 보관하여야 한다. 시료는 보관목록을 작성하여 목록과 동일하게 시료를 보관한다. 시료 보관 목록은 시료 입수 일자, 입수자, 시료목록, 보관위치 그리고 시료 입수 시 상태의 기록이 포함되어야 하고 시료와 함께 사본을 동봉하여 보관한다. 퇴적물의 직접적인 생태독성이 아닌 독성의 잠재력 평가 등 다른 시험을 목적으로 퇴적물을 추출해야 할 필요가 있을 수 있다. 유기용매로 추출하였을 경우 추출액은 냉동보관 조건으로 30일까지 보관할 수 있으며 해수를 이용해 추출한 경우 보관하지 않고 바로 시험되어야 한다.

10.4.4 퇴적물 생태독성 시험 방법

유류로 오염된 퇴적물의 생태독성 시험은 오염 퇴적물의 생태독성 시험법을 적용할 수 있다. 오염 퇴적물에 대한 생태독성 시험법은 수생태 독성 시험법에 비하여 적용종의 범위가 넓지 않다(표 10-2). 따라서 퇴적물의 생태독성을 평가하는 시험법과 함께 해수 또는 유기용매로 퇴적물을

표 10-2 퇴적물 생태독성평가 국내외 표준 시험 지침서

시험종류	발행기관	문서명(번호)
전체 퇴적물	해양수산부 ASTM USEPA	해양 환경공정시험 기준 E 1367-03, E 1367-92, E 1611-00, E 1688-10 EPA 600/R-94/025, EPA 910/9-90-011 EPA 823/B-98/004
퇴적물 재부유	ASTM	E 1525-02
퇴적물 TIE*	USEPA	EPA 600/R-07/080

ASTM: American Society for Testing and Materials(USA)
USEPA: US-Environmental Protection Agency(USA)
TIE: Toxicity Identification & Evaluation

추출하여 수생태독성을 평가하는 시험법을 적용할 수 있다.

제시된 시험 지침서 이외 열거하지 못한 지침서가 있으며 시험법은 조사 및 연구 목적에 맞도록 연구자가 판단하여 적용할 수 있다.

10.5 공극수 생태독성 모니터링

퇴적물 간극수(interstitial water) 또는 공극수(pore water)는 퇴적물 입자 사이사이를 점유하고 있는 물을 의미한다. 퇴적물의 공극수는 유입과 유출이 빈번하지 않아 정적인 상태가 유지, 지속될 수 있으며 퇴적물 입자와 공극수는 직접적인 접촉으로 퇴적물 내 오염물질이 열역학적 평형상태에 있다고 예상할 수 있다. 이에 따라 공극수는 퇴적물 오염 독성을 평가하기 위한 유용한 대상이 될 수 있다.

10.5.1 시료채취 방법

퇴적물 공극수 채취는 다양한 방법이 제시되어 있다. 인위적인 요소를 줄이기 위해 현장에서 바로 채취하는 방법은 많은 양의 시료를 확보하기 어렵고 채취시간 또한 수 시간에서 수개월까지 소요될 수 있다. 생태독성 모니터링을 위한 공극수 채취는 퇴적물 시료를 먼저 채취한 다음 이로부터 공극수를 추출하는 방식이 합리적이다. 확보된 퇴적물 시료로부터 공극수를 추출하는 방법은 크게 두 가지로, 원심분리하는 방법과 짜내는 방법이다. 퇴적물로부터 공극수를 짜내는 방식은 용존 가스의 상변화가 많고 유기물질의 흡착으로 인한 손실이 높아 유류오염의 모니터링에 적합하지 않다. 원심분리로 공극수를 획득하는 방법은 추출이 쉽게 이루어지고, 추출시간이 비교적 짧고, 일반적으로 많은 양의 공극수를 확보할 수 있고, 아주 가는 입자의 퇴적물에서의 추출에도 효과적이다. 채취 퇴적물을 잘 혼합하여 여러 개의 원심분리튜브로 옮겨 담고 원심분리기를 온도 $4^{\circ}C$, 속도 $8,000 \sim 10,000 \times g$로 설정하고 30분간 원심분리하여 상등액을 갈색 유리용기에 모은다. 입자가 남아있다면 필터하지 않고 다시 한번 더 원심분리하여 준비한다. 시료 표면에 유막이 관찰되면 분액여두를 이용하거나 유리관을 이용한 사이펀(siphon) 등으로 표층의 유막을 제외한 층의 공극수만을 시험에 사용한다. 동일 프로젝트 내에서 공극수는 모든 채취지점에 동일한 방법을 적용하여 채취하여야 한다.

10.5.2 시료 보관 방법

생태독성시험을 위한 공극수 시료는 추출 이후 가능한 한 최대한 빠른 시간 내에 시험에 사용하여야 한다. 보관은 보관 용기에 공기층이 없도록 하거나 공기층에 불활성 가스를 주입하여 암실 4°C에 24시간 미만으로 보관할 수 있다(USEPA, 2001).

10.5.3 공극수 생태독성 시험 방법

공극수의 생태독성 시험 방법은 모니터링 목적에 따라 달라질 수 있다. 일반적으로 표준화된 공극수의 시험법이 적용되지만 목적에 따라 적은 시료량으로 수행이 가능한 수생생물의 시험법이 적용될 수 있다(표 10-3).

표 10-3 퇴적물 공극수 생태독성평가 국내외 표준 시험 지침서

시험종류	발행기관	문서명(번호)
공극수 생태독성 시험	해양수산부 SETAC	해양 환경공정시험 기준 Summary of a SETAC Technical Workshop – Pore water Toxicity Testing: Biological, Chemical, and Ecological Considerations with a Review of Methods and Applications, and Recommendations for Future Areas of Research
	ASTM USEPA	E 1367-03 EPA 600/R-94/025, EPA 910/9-90-011
공극수 TIE	SAIC	UG-2052-ENV

SETAC: Society of Environmental Toxicology and Chemistry
ASTM: American Society for Testing and Materials(USA)
USEPA: US-Environmental Protection Agency(USA)
TIE: Toxicity Identification & Evaluation

제시된 시험 지침서 이외 열거하지 못한 지침서가 있으며 시험법은 조사 및 연구 목적에 맞도록 연구자가 판단하여 적용할 수 있다.

10.6 해양생물 생체지표 모니터링

10.6.1 시료 채취방법

해양은 조석 간만의 차이가 뚜렷하며 풍랑 또는 파도 등의 물리학적 환경의 변동이 심하므로 유류 유출사고 발생과 동시에 신속한 초기시료 채취가 가장 중요하다. 먼저 사고해역의 오염 정도에 대한 공간적 정보를 최대한 신속히 수집한 후 유류오염의 정도가 심각한 지역을 중심으로 시료 채취 정점을 확정한다. 유출 유류 확산 정도에 따라 수심 20m 내만 연안 해역 시료 채취와 20m 이상의 외해에 대한 채취로 구분하여 진행할 수 있다. 이때 20m의 기준은 통상적으로 소형선박의 접근이 용의한 해역을 기준으로 나눈 것으로 유출지역 상황에 맞게 판단해야 한다. 내만 지역의 어류를 채취하는 방법은 자망, 통발, 이각망 등의 어구를 이용한 방법이 있으며, 시료 채취 장소에 따라 어촌계 등과 합의를 거치거나, 함께 작업하는 방법을 권고한다. 또한 수심 20m 이상의 외해역 시료채취는 수심별 대상종이 다를 수 있으므로, 가능하면 채취해역의 정보 수집을 바탕으로 저층 퇴적물 및 생물, 표층 유영생물 등의 시료 채취 작업 수행이 합리적이다. 시료를 채취한 해역의 환경자료(수온, DO, pH 등)를 동반 측정하여야 하며, 해수와 퇴적물 시료도 함께 채취하여 유류오염 정도와 비교 분석하는 것이 중요하다.

이매패 등 고착생물의 시료채취는 조석시간과 수위 등을 고려하여 채취시점을 결정하도록 하며, 초기 시료채취 작업 중 생물의 껍질이나, 바위 등 고착 기질에 표착된 유출 유류에 교차 오염되지 않도록 세심한 주의가 필요하다. 모든 시료 채취정점에 대하여서는 채취지역 이름, 시간, 위치정보(GPS 정보), 채취시료, 채취자 등을 빠짐없이 기록하고, 채집한 시료의 일련번호와도 일치시키도록 하며 가능하면 사진자료도 첨부한다. 시료 채취 작업이 지속될 때는 기록된 정점의 정보를 바탕으로 동일한 정점에서 방법을 적용하여 채취하도록 하여야 하며, 특히 한 해가 지난 후 장기 모니터링을 실시할 경우 생체 주기 등을 고려하여 동일한 계절에 채취된 시료의 측정결과와 비교하도록 한다.

10.6.2 현장 시료 전처리 방법

유출사고가 발생하여 현장에서 시료를 채취한 후 생물의 특성에 맞게 전처리 방법을 따르도록 한다. 사고 현장에서 시료 운반이 가능한 가장 가까운 곳에 먼지, 바람 등으로부터 안전한 장소를 선별하여 현장시료 전처리 장소로 결정한다. 어류의 경우 현장에서 생존한 상태에서 채집하였다면, 생존 상태로 전처리 장소까지 운반해야 한다. 유출 해역에서 채집한 어류의 아치사 수준의 효소·유전학적 마커를 진단하는 것을 목표로 한다면, 현장 시료 전처리과정에 따라 50% 이상의 결과의 신뢰도가 좌우됨을 잊지 말아야 한다. 먼저, 채집된 어류의 종, 성별, 길이, 무게(전중량, 간, 생식소, 신장 등) 등을 측정하고 외관상 이상 유무(질병 감염 등)를 빠짐없이 기록하고 필요에 따라서 혈액을 채취한다. 채취된 혈액은 분석법이 지정하는 항응고제로 처리한 후 운반한다. 분석 시까지 4°C 또는 얼음 위에서 혈장을 분리시킨다.

이매패는 버니어 캘리퍼스와 저울을 이용하여 전중량, 각고, 각폭, 각장, 체중량을 측정하여 기록한다. 이후 신속하게 해부작업을 통해 필요한 장기들은 바로 적출하고 액체질소에서 급속 동결시킨다. 현장에서의 액체질소 사용이 용이하지 않다면, 드라이아이스로 급속 동결하는 방법도 가능하나 시료가 신속하게 급속냉동될 수 있도록 주의를 기울여야 한다.

본 작업에 사용된 모든 해부도구와 vial 등은 멸균된 것을 이용하고, 액체질소에 저장 시 동파로부터 안전한 액체질소 저장 전용 vial을 반드시 사용하도록 한다. 액체질소 운반 및 사용에 관한 안전 수칙을 꼭 숙지한 후 사용하도록 한다. 또한 액체질소 유출이나 피부접촉으로 인한 취급자의 상해가 발생 시 적절한 처치가 이루어질 수 있도록 한다. 모든 실험 과정에 실험장갑을 꼭 착용하도록 하며, 해부한 시료들 간에 교차 오염이 발생하지 않도록 개체나 정점 등이 바뀌면 70% 알코올 등을 분사하여 소독 후 진행하도록 한다. 특히 적출한 조직이 혈액 등으로 오염되지 않도록 멸균된 생리식염수를 이용하여 신속하게 세척하도록 한다. 전처리 작업에 참여하는 모든 실험자의 역할을 사전에 숙지시켜 기록 및 측정, 혈액채취, 해부 등이 현장에서 신속하게 분담 처리될 수 있도록 한다.

10.6.3 시료 운송 및 보관 방법

현장에서 채취된 생물 시료는 드라이아이스에 넣어 운반하도록 하며, 이때 시료를 분실하지 않도록 정점별로 잘 정리하도록 한다. 실험실로 운반된 시료는 -80°C의 냉동고에서 분석 시까지 보관한다.

10.7 정도관리

정도관리는 시료의 채취 및 분석 당사자에 의해 구현되거나 공신력 있는 기관에 의해 구현될 수 있다. 정도관리의 구현을 위해서는 달성되어야 하는 생산 자료의 질적 목표 수준을 규정하고 프로젝트별 QA (quality assurance) 계획을 세워 연구의 각 단계에서 수행되는 모든 활동에 대한 세부 계획을 제공하고 문서화해야 한다. 이러한 문서의 주기적인 보고를 통해 QA 활동의 진도, 측정시스템의 성능 및 자료의 신뢰도 등을 추적하는 수단을 제공할 수 있다.

실험실 내 자료의 질에 영향을 주는 모든 활동내용을 다루어야 한다.
- 시료의 채취와 처리
- 사용 장비의 상태와 운용
- 장치 장비의 검·교정
- 반복시험
- 표준물질의 사용
- 기록물의 보관
- 자료 평가

10.7.1 시료채취 및 처리

시료채취 및 처리에 대한 정도관리 절차는 다음의 주요 요소를 포함해야 한다.
- 자료의 사용 목적에 맞는 시료채취 방법 적용
- 필요한 자료에 근거한 대표적인 채취방법 적용
- 시료 매질의 화학조성 교란 또는 변화를 최소화할 수 있는 채취 장치 사용
- 채취 지점들 간 교차오염 가능성을 감소 또는 제거할 수 있는 방법 채용
- 시료 현장상태와 가장 가깝도록 보존하기 위한 시료 용기 및 보관기술

10.7.2 현장자료의 기록

현장자료의 기록은 다음의 주요 요소를 포함해야 한다.

- 프로젝트 명
- 작성자의 정보
- 시료채취 모든 참여자 및 방문자의 기록
- 날씨, 기온 등 시료에 영향을 미칠 수 있는 모든 환경정보
- 시료채취 영역의 스케치 및 묘사(사진)

10.7.3 시료채취 기록

시료채취 기록은 다음의 사항을 포함해야 한다.

- 시험 또는 분석되는 프로젝트 명
- 채취자의 정보
- 채취자의 보호 장구 착용정도
- 채취지점의 지리적 위치정보
- 시료채취 일자, 시간
- 시료채취에 사용된 장치 및 장비정보
- 작업의 승인 여부 및 적용된 표준운영절차(SOP)

10.7.4 시료처리 기록

시료처리 기록은 다음의 사항을 포함해야 한다.

- 시험 또는 분석되는 프로젝트 명

- 시료입수 및 처리자의 정보
- 시료처리 장소(기관 등) 표기
- 시료처리 일자, 시간
- 시료운반상태 기록(아이스박스 내부 온도, 물고임 상태 등)
- 시료처리 소의 환경정보(실내온도, 자외선 차단여부 등)
- 시료처리에 사용된 장치 및 장비정보
- 작업의 승인 여부 및 적용된 표준운영절차(SOP)

10.7.5 생태독성 시험 기록

시험 기록은 다음의 사항을 포함해야 한다.
- 시험 또는 분석되는 프로젝트 명
- 시험명
- 시험자의 정보
- 시료 일자, 시간 및 기간
- 시험생물 명
- 시험생물의 크기, 연령, 생식단계 그리고 배양 배치(batch)
- 시험 시료의 용존산소, 암모니아 등 시험생물의 허용한계와 비교
- 참조독성시험
- 시험 시 온도, 염분, 광조건, 용존산소 및 변화 정도
- 시험용기
- 대조구의 정의 및 반복구
- 상세한 기타 시험조건
- 작업의 승인 여부 및 적용된 표준운영절차(SOP)

10.7.6 시험 결과의 보고

시험 결과 보고는 다음의 사항을 포함해야 한다.

- 시험 또는 분석되는 프로젝트 명
- 시료명
- 시험생물에 따른 최종반응(예: 반복구별 사망 개체수)
- 희석시험일 경우 독성파라메타(예: LCX, 등)와 사용된 통계적 기법
- 희석시험일 경우 농도-반응 그림
- 대조구 결과
- 시험과정에서 관찰된 이상 현상 등 시험 결과와 해석에 영향을 줄 수 있는 모든 사항
- 대조구 및 시험구에서의 시험 초기 및 종료 시 온도, 염분, 용존산소량, 광조건
- 참조 독성시험 결과
- 시험 실무자의 서명
- 시험 책임자의 서명

Chapter 11 생태계영향 평가방법

11.1 서론

다양한 해양생태계 서식처 중 조간대는 지역에 따라 형태나 기능면에서 차이를 보이지만, 어류 및 다양한 해양생물들에게 산란장과 먹이섭식을 위한 장소 제공 및 어린 생물들에게 서식처와 포식자로부터의 회피 공간 제공 등 해양생태계 내에서 중요한 역할을 하고 있다. 또한 관광, 낚시 그리고 상업적 채취를 포함한 경제적 이익에 기여하는 서비스 제공 등 다양한 방법으로 이용되고 있다.

연성 기질은 모래나, 펄, 자갈로 구성된 퇴적상으로 구성된 지역으로, 지형구조에 따라 다양한 해양생물 서식처를 제공한다. 특히, 조간대는 육지와 해양을 연결하는 전이대로 다른 지역에 비해 풍부한 영양염류가 존재하며, 다양한 해양생물의 서식 및 산란장으로 매우 중요한 역할을 하는 해양생태계이다. 이러한 조간대에 유류오염이 발생하는 경우 가장 먼저 주변에 서식하는 해양생물로 구성된 생태계의 영향을 파악하게 된다.

시공간적으로 생태계 조사 및 감시를 통해 영향을 평가하고, 체계적이고 종합적인 계획을 수립하게 되는데, 이때 과학적인 조사가 수행되면서 일관성, 신뢰성, 객관성 및 자료의 표준화를 유지하여야 한다.

암반조간대에 서식하는 대형저서동물은 이동성이 없는 고착성이거나 운동 능력이 부족하여 행동반경이 좁은 편이다. 이러한 이유로 유류오염 사고를 비롯한 인위적인 환경오염의 영향을 평가하는 데 널리 사용되고 있다. 또한, 유류의 형태, 오염의 정도, 지역의 지리, 기후와 계절, 지역의 생물학적 그리고 물리적 특성, 상대적인 민감종과 생물 군집 그리고 방제 방법의 형태를 포함하는 요인들은 유류유출의 영향과 이후 회복률을 결정하는 중요한 역할을 하는 것으로 입증되었다.

본 장에서는 유류오염 이후 조간대 생태계 변화에 관한 가장 적절한 방법과 절차 등 조사에 필요한 세부사항을 연성조간대와 암반조간대로 나누어 제시하고자 한다.

11.2 연성조간대 생태계 모니터링

11.2.1 연성조간대 구조 이해

11.2.1.1 연성조간대 구분

우리나라의 서해안은 밀물·썰물 차에 의한 조간대가 수십 m에서 최대 수 km까지 광범위하게 발달되어 있다. 이러한 환경은 해양생물이 살아가는 데 다양한 환경을 제공하게 되고, 여기에 살아가는 생물마다 특이한 서식 특징을 가지게 한다. 연성기질 조간대는 퇴적물의 종류에 따라 모래 조간대, 펄 조간대(갯벌) 그리고 혼합(자갈, 모래, 펄이 섞인 지역) 조간대로 구분된다. 모래 조간대는 해수욕장 등 여름철 여가 활동과 레크리에이션의 장소로 이용되는 공간이며, 펄 조간대는 갯벌이라고 불리는 질퍽한 퇴적물로 구성되어 있다. 또한 혼합 조간대는 자갈과 모래, 펄이 혼재된 지역으로 바지락 등 패류 생산이 높은 지역이다.

그림 11-1 연성조간대 퇴적상에 따른 종류: 모래 조간대(가, 신두리), 펄 조간대(나, 소근리), 혼합조간대(다, 의항리), 유류오염 이전(a)과 이후(b)(사진: KIOST)

11.2.1.2 경사도와 노출 시간이 주는 특징

경사도와 노출 시간은 연성 기질 퇴적물에 서식하는 저서동물의 서식지를 결정하는 데 매우 중요한 요인이다. 경사도는 밀물과 썰물이 드나드는 공간 면적을 좌우할 수 있으며, 결국 연성저질이 노출되는 시간이 달라지게 된다. 노출시간은 아가미를 가진 해양생물의 서식 공간에 영향을 주기 때문에 생태계 구성원이 달라지게 된다. 주기적으로 드나드는 바닷물에 의해 유류 영향도 결국 연성조간대 경사도에 따라 영향 범위를 좌우하게 된다.

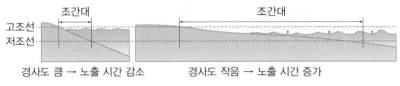

고조선
저조선

조간대

조간대

경사도 큼 → 노출 시간 감소

경사도 작음 → 노출 시간 증가

그림 11-2 연성조간대 경사도와 노출시간과의 관계

11.2.1.3 퇴적물 입도와 유기물

연성조간대에 서식하는 저서동물은 퇴적물을 서식처로서 이용한다. 주로 표면이나, 또는 갱도를 파고 살거나, 아예 퇴적물 속에 숨어 지낸다. 따라서 퇴적물이 어떻게 구성되었는지에 따라 살아가는 생물도 환경에 적응하면서 다양한 서식 전략을 가진다. 입자가 미세하고 끈적거리는 펄로 구성된 펄 조간대에는 굴을 파서 안정된 공간을 만드는 생물이 살아가는데, 먹이는 퇴적물 표층이나 표층 아래의 퇴적물에 있는 유기물질을 먹고살기 때문에 퇴적물식자(burrowing deposit feeder)라고 부른다. 반면에 상대적으로 굵은 알갱이로 구성된 모래조간대에서는 갱도를 유지할 수 없기 때문에, 모래 속에 몸을 묻고, 표면위 물 속에서 물을 빨아들여

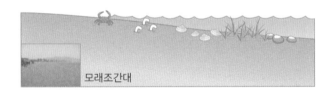

모래조간대

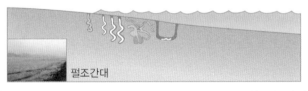

펄조간대

그림 11-3 연성조간대의 대형저서동물의 서식 특성. 부유물식자(모래조간대),
굴착성 퇴적물식자(펄조간대)

먹이를 구하는 생물이 서식한다. 이러한 방식을 여과식자(filter feeder)라고 부른다. 연성 조간대에서 퇴적물 구성과 유기물 상태를 이해하는 것은 저서동물의 종 조성 및 군집특성을 이해하는 데 매우 중요하다.

11.2.1.4 유류오염과 밀접한 유분 함량

유류오염 이후 퇴적물에 유입된 유분은 퇴적조건에 따라 단기간 또는 장기간 주변 생태계에 영향을 미치고 있는 것으로 알려지고 있다. 그러므로 사고 이후, 연성조간대 및 조하대의 퇴적물 내에 포함되어 있는 유분 함량 및 성분 조사를 지속적으로 실시하여야 한다.

11.2.2 평가기법

11.2.2.1 유류오염에 의한 생태계 영향 조사 설계

연성 기질 조간대에 유류오염이 발생되면, 우선 유류오염의 정도 및 범위에 따라 해양 생태계 영향조사가 필요한지 결정한다. 생태계 조사는 주로 퇴적물에 서식하는 저서생태계를 중심으로 진행하게 되며, 시간에 따라 단기와 장기로 구분한다.

단기 조사(모니터링)는 짧은 기간 동안 공간적으로 저서생태계 피해 영향을 파악할 수 있도록 주로 공간적인 영향 범위를 선정하는 데 목적을 둔다. 반면에 장기 조사는 오염 지역의 생태계 변화 및 복원을 파악하기 위해 시간적인 변수를 포함하여 설계한다. 또한 장기 조사에는 생태계 회복을 촉진시킬 수 있는 인위적인 복원프로그램이 필요한지도 고려해야 한다.

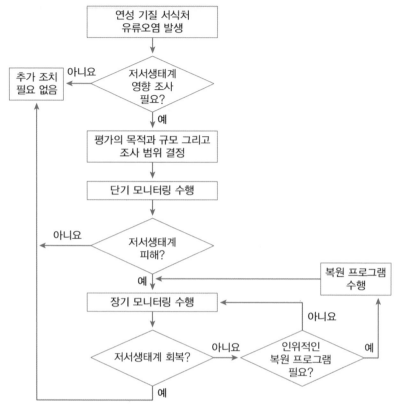

그림 11-4 연성 기질 조간대 저서생태계 유류오염 영향 및 복원 평가를 위한 의사 결정 과정

11.2.2.2 조사 계획

유류오염에 의한 연성 조간대 저서생태계 영향을 파악하기 위해서는 목적에 따라 우선 시간적으로 단기, 장기, 특별 조사로 구분할 수 있다.

먼저, 단기 조사는 오염 지역의 범위 및 단기간 영향을 파악하기 위해 사고 직후 넓은 범위의 지역을 조사하는 것을 포함한다. 장기 조사는 오염 지역 내의 영향을 시간에 따라 평가하는 방식이다. 유류오염에 의해 저서생태계의 구조 및 진행과정을 감시하는데, 유류오염 이전 상태로 회복되는 시점까지 조사를 진행하도록 설계한다. 특별 조사는 유류오염 사고 이후, 모니터링 지역으로 선정되지 않은 지역에서 유류 영향이 지속적으로 나타나 사회적 또는 지역적 관심이 집중된 지역에서 저서생태계 영향을 파악하기 위해 실시하는 방식이다.

표 11-1 모니터링 방법에 따른 연성 기질 서식 저서동물 조사 방법 요약 비교

항목	단기 조사	장기 조사	특별 조사
조사기간	<1년	>1년	<1년
조사시기	계절	계절 또는 특정시기(반복)	특정시기
조사범위	넓은 지역	영향 지역 및 대조구	영향 지역 및 대조구
조사정점	영향 및 대조구 지역에서 각 3정점 이상		
조사항목	환경인자 (퇴적물, 입도, 유기물) 저서동물	환경인자 (퇴적물, 입도, 유기물) 저서동물	환경인자 (퇴적물, 입도, 유기물) 저서동물
분석방법	사고 이전/이후/영향지역/ 대조구분석(BACI분석) 종조성 및 군집분석 유분함량과의 연관성	BACI분석 종조성 및 군집 변동분석 장기변동	BACI분석 종조성 변동분석

11.2.2.3 조사 기간

단기 조사는 유류오염 정도를 신속하게 파악하기 위해 공간을 중심으로 진행하는 방법이 효과적이다. 우선, 유류오염 지역과 유사한 환경과 해양생태계로 구성된 오염이 발생하지 않은 지역을 각각 최소한 3개 지역 이상 포함하여, 과학적 분석을 위한 정보를 충분히 확보한다.

장기 조사는 오염지역과 오염이 발생하지 않은 지역을 상대적으로 비교하는 방식으로 조사 범위는 1개 지역 이상으로 선정한다. 물론 저서동물의 서식특성에 영향을 주는 퇴적상이 동일해야 한다.

특별 조사는 사회적 또는 지역적 관심이 집중된 지역에서 실시하므로

유류에 대한 영향을 정확히 판단하기 위한 대조구(오염이 발생하지 않은 해역)를 선정하여 동시에 비교가 가능하도록 한다.

11.2.2.4 조사 범위

조간대는 해안선과 수직방향으로 밀물과 썰물이 작용하면서 하루 약 두 번 육지로 드러나지만 규모는 매번 달라진다. 물론 해안선의 모양에 따라 조석(물이 이동하는) 방향도 다양하다. 이러한 조간대 특성을 감안하여 유류 영향 조사를 수행하려면, 최소한 썰물로 인하여 노출되는 최대 지점까지 해안선에서 직선을 수직적으로 연계하여 조사가 이루어져야 포괄적으로 조간대 환경 및 생태계 영향을 파악할 수 있다. 따라서 지역마다 최소한 조간대 상부에서 하부까지 수직으로 조사선을 설정하여야 하고, 각 조사선에서 조간대 너비에 따라 균등(해안선에서 50, 100, 250, 500m 간격)하게 구분하여 최소 3정점(상부, 중부, 하부) 이상을 포함하여야 한다.

주기적인 밀·썰물은 조사지역에 위치 표기를 어렵게 한다. 따라서 조사지역은 GPS(위성 위치측정기)를 이용하여 반복적으로 진행되는 조사에서 정확한 정점을 유지할 수 있도록 하여야 한다. 연성조하대 조사 정점은 비슷한 수심 또는 퇴적물 입도를 고려하여, 오염 지역과 오염이 진행되지 않은 지역을 최소 각 3정점 포함하여야 한다.

11.2.2.5 조사 방법

조간대 조사에서 장비는 간단하다. 퇴적물을 정량적으로 채집하여 지역과 시기를 비교해야 하므로 캔 코어(면적 크기: $0.025m^2$)를 사용한다. 조사 시기마다 각 4회 반복하며, 깊이 20cm 이상 퇴적물을 총 채집 면적이

0.1m^2이 되도록 채취한다. 이러한 방식을 정점마다 2회 반복한다.

채집된 퇴적물은 현장에서 1mm 크기의 체(직경: 45cm)에 거른 후, 체에 남아있는 퇴적물(생물 포함)을 모두 시료 보관병에 담은 후, 10% 중성 해수 포르말린으로 고정한다. 생물 채집과 동시에, 환경자료로 사용하기 위해 퇴적물의 표층(1cm 깊이) 온도를 측정하고, 일정량의 퇴적물을 채집하여 바로 급속 냉동시킨다. 냉동된 시료는 실험실에서 퇴적물의 입도, 유기물 함량, 유분(총석유계 탄화수소) 함량 분석을 실시한다.

그림 11-5 연성조간대 저서동물 채집 장비. 캔 코아(좌), 1mm 크기의 체(우)(사진: KIOST)

11.2.2.6 분석

■ 채집된 생물 처리

생물이 포함된 퇴적물에서 생물 시료 선별을 위하여, 퇴적물 내 포르말린을 담수로 세척하여 포르말린을 제거하며, 이때 생물이 유실되는 것을 방지하기 위하여 1mm 크기의 체를 이용하여 반복 세척한다. 세척된 퇴적물은 흰색 바탕 트레이에 일정 시간(최소 5시간 이상) 보관한 후 육안으로 생물을 선별한다.

생물 선별 범위는 주요 분류군(환형동물, 연체동물, 절지동물, 극피동물)의 경우 강(class) 수준까지, 그 밖의 동물군에 대해서는 문(Phylum) 수준까지 선별한다. 선별된 주요 분류군들은 즉시 습중량(최소 단위: 0.01g)을 측정하여, 종 동정이 이루어지기까지 70~80% 에틸알코올과 함께 표본병에 보관한다. 표본병에는 시료 채집 일자와 장소 그리고 주요 분류군에 대한 정보가 기록되어야 한다.

채집된 생물의 종 동정은 주요 분류군의 경우 종수준까지 동정하여야 하며, 그 밖의 동물군은 분류 가능한 수준(과, 속)까지 동정한다. 종 동정 후 각 종의 개체수를 계수한다.

■ 자료 분석

자료로 만들어진 생물 종 정보는 각 정점별로 출현 종수, 단위 면적당 밀도, 단위 면적당 생체량, 종 다양도 지수, 주요 우점종(전체 출현 개체수의 1~5% 이상) 목록 및 분포, 군집분석(집괴분석과 다변량분석), BACI (Before-After-Control-Impact) 분석을 진행한다.

자료 분석 방법은 목적에 따라 다양하지만 통일된 정량적 분석 방법은 정립되어 있지 않다. 상황에 따른 분석 방법을 제시하면 우선, 공간적으로 오염영향을 비교하는 방식은 군집분석과 생물다양도를 기본으로한 분석방법을 이용한다. 반면에 장기적으로 영향정도를 해석하는 경우에는 우점종의 개체군 분석이나 군집 간 변동을 비교하는 분석 방식을 사용한다.

자료의 신뢰성 확보를 위해 주요 분류군에 대한 분류 전문가가 시료 동정을 하여야 하며, 저서동물에 전반에 대한 생태학적 지식을 갖춘 연구자가 시료 분석을 실시한다. 군집분석과 BACI분석 결과는 통계 기법을 이용하여 검증하여야 한다. 또한 분석 자료의 검증을 위하여 각 정점의 저서동물 종 목록(밀도 포함) 자료를 부록으로 만들어야 하며, 모든 시료는 보관한다.

■ 환경 분석

퇴적물의 입도, 총 유기탄소 함량과 유분(총석유계탄화수소)의 함량 등은 해양환경공정시험방법으로 분석을 실시한다. 단, 최신의 분석 방법에 따라 분석을 실시한 경우 검증된 분석 방법 자료를 제시한다.

퇴적물의 입도 분석 방법은 5g의 퇴적물에 10% 과산화수소로 유기물과 0.1 염산으로 탄산염을 제거한 후 습식체질에 의해 4ø 이하와 이상으로 분리한다. 4ø 이하의 조립한 퇴적물은 건식체질(또는 Ro-tap sieve shaker)하여 입도 등급별 무게 백분율을 구하며, 4ø 이상의 세립 퇴적물은 습식체질에 의해 분리된 혼탁액을 피펫팅하거나 퇴적물 2g에 0.1% calgon 용액을 넣고 교반시킨 후 X-선 자동입도 분석기 등을 이용하여 입도무게 백분율을 구한 후 분석을 실시한다.

퇴적물의 총 유기탄소는 5℃에서 48시간 건조시킨 다음 1g씩 채취하여 10%의 과산화수소로 유기물과 0.1N 염산으로 탄산염을 제거한 후 CHN 분석기를 통해 측정한다.

퇴적물의 유분(총석유계탄화수소) 함량은 약 20g의 퇴적물을 무수황산나트륨 50g에 혼합하여 수분을 제거한 후, 200mL의 디클로르메탄으로 16시간 동안 속슬렛 추출한다. 추출액은 회전용매농축기로 농축 및 용매 치환한 후, GC-FID를 이용하여 분석한다.

11.2.3 연성기질 조간대 유류오염 영향

11.2.3.1 퇴적물 내 유류 유입

연안에서 유류오염이 발생하면 다량의 유류가 해류와 조석의 흐름으로 인하여 따라 해안으로 밀려온다. 우리나라 서해안과 같이 조간대가 발달한 지역에서는 밀물과 함께 이동된 유류는 상부조간대에 쌓이게 되며, 다시 썰물이 진행되는 동안 조간대에 쌓인 유류 중 일부는 다시 하부조간대 지역으로 이동된다.

퇴적물 표층에 쌓인 유류는 퇴적물 입자 사이의 작은 공간이나 생물이 파놓은 갱도를 따라 퇴적물 안쪽으로 이동한다. 일반적으로, 퇴적물 입자가 굵은 모래지역이 퇴적물 입자가 세립한 펄 지역보다 유류가 스며드는 속도가 빠르며, 퇴적물 깊숙히 유류가 유입된다. 퇴적물 내의 유류 유입은 퇴적물 속에 서식하고 있는 저서동물에 영향을 미치게 된다.

퇴적물의 입자가 세립한 펄조간대의 경우 퇴적물에 구멍을 파고 서식하는 굴착성 퇴적물식자가 많이 분포하는데, 유류는 최대 수 m까지 뻗어 있는 구멍을 따라 깊이 유입된다. 그러므로 굴착성 저서동물이 많이 분포하고 있는 우리나라 서해안 펄조간대 퇴적층 내의 유류 유입은

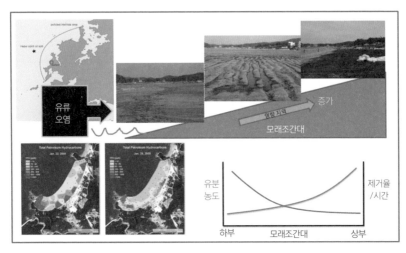

그림 11-6 모래조간대(만리포 해변) 조위별 유분 유입 함량과 제거 시간 모식도

조간대에 깊은 곳까지 영향을 준다.

11.2.3.2 서식하는 생물에 미치는 영향

연성조간대에 유입된 유류는 퇴적물 표층이나 퇴적물 내에 서식하는 저서동물의 표면을 피복시키거나 독성영향으로 생물의 생리적 활동(호흡)을 제한하여 유류오염 즉시 생물을 사망하게 만든다. 또한 퇴적물 내 유입된 유류를 피하기 위하여 서식처 밖으로 나온 저서동물은 포식자 위협이나

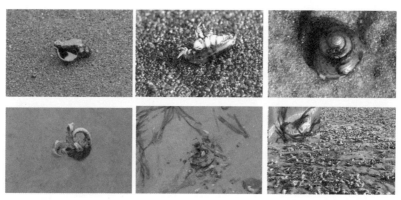

그림 11-7 유류오염 영향으로 폐사한 연성조간대 대형저서동물(사진: KIOST)

직접 영향(오염 직후)　　　　　　　　　　　　　　　　직접 영향(1~3개월 후)

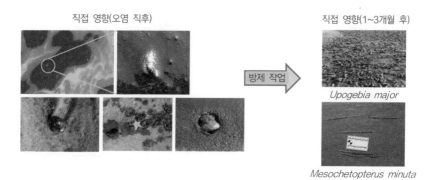

방제 작업

Upogebia major

Mesochetopterus minuta

그림 11-8 유류오염에 의한 연성조간대 저서동물의 직접 영향과 간접 영향(사진: KIOST)

섭식 활동의 제한 그리고 서식 환경 변화에 의한 이차적인 영향을 받는다. 허베이스피리트 유류오염으로 조간대에 유입된 유류에 의해 2m 이상까지 구멍을 파 서식하는 쏙의 대량 폐사현상이 유류오염 발생 2~3개월 후에 발생한 바 있다.

11.2.3.3 유류 유출사고에 따른 생태계 영향 진행

연성 기질 퇴적물에 유입된 유류는 시간에 따라 감소한다. 밀물과 썰물이 교차되면서 지속적인 풍화 작용과 확산으로 감소되고, 다시 퇴적물에 서식하는 미생물에 의한 생물분해가 진행되면서 유류오염 영향이 점차 감소하게 된다.

유입된 유류가 제거되거나 독성이 감소하면서, 퇴적물에 서식하는 저서동물의 회복이 시작된다. 사고 초기에는 저서동물의 종수와 개체수가 급격히 감소하지만, 유류가 제거된 직후 급격한 환경변화에 잘 적응하는 짧은 번식 주기와 크기를 가지는 기회주의 종이 급격히 증가한다. 일정 시간이 지난 후 서식 환경이 안정화되면서 기회주의 종들은 감소하고,

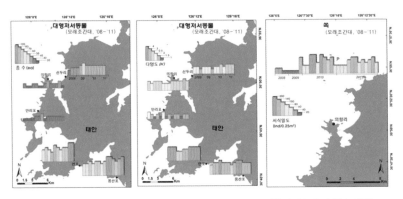

그림 11-9 유류오염 사고 이후 1년 동안 사고해역에서 대형저서동물의 종수 변화

서식처에 적응하여 사는 대형종의 개체수와 생체량이 증가한다. 이와 같은 저서동물의 천이는 서식 환경 조건과 종들의 생활사에 따라 달리한다.

허베이스피리트 유류 유출사고 이후 1년 동안 태안 연성조간대 지역에서 대형저서동물의 종수는 사고 이전에 비해 매우 낮았다. 유류오염이 서식하는 생물의 종 조성에 영향을 미친 것이다. 그러나 1년이 지난 2009년 여름부터 종수는 서서히 증가하기 시작하였고, 사고 이후 4년이 지난 후에는 사고 이전에 비해 약 50% 수준으로 종수가 회복되었다. 종수와 서식개체수를 고려한 종 다양도 지수를 해석하면, 사고 직후부터 3년 동안 지수는 지속적으로 낮게 나타났다.

한편 유류 사고 직후 태안군 소원면 의항리 조간대에서 대량 폐사한 쏙(*Upogebia major*)은 사고가 발생한 후에 2년이 지난 다음 어린 개체가 가입되면서 5년 이상 경과한 후에 사고 이전 수준의 개체군이 나타나고 있다.

11.2.4 생태계 회복 평가

회복이란 유류오염 지역 연성조간대 저서동물 군집의 종 특성이 존재하고 정상적인 기능을 하는 건강한 군집으로 재조성되는 것을 의미한다. 하지만 군집 구조 자체가 사고 이전과 똑같은 연령의 생물 구조를 의미하지 않을 수 있으며, 유류오염 사고와 무관하게 진행되는 자연적인 생태계 변화를 고려하여야 한다. 유류오염이 발생한 해역에서 지속적으로 생산하는 자료를 바탕으로 회복 양상을 판정한다. 그리고 회복이 완료된 시점에서 1~2년 추가 조사하여 회복 결정 요소들이 지속되는지를 검증한다. 하지만 기준에 따라 회복 완료 시점이 상대적으로 해석될 수 있기 때문에 유류오염 영향을 시작한 단계에서 기대 목표치를 설정한다.

유류오염의 영향을 받는 연성조간대 저서동물의 회복 시작 시점은 퇴적물에 유류의 영향(생물에 영향을 줄 수 있는 유분 함량)이 제거되었을 때이며, 저서생태계가 완전히 회복되는 데 걸리는 기간은 생태계의 환경과 군집 구조 특성에 따라 다르게 나타난다. 저서생태계 회복 여부를 판단하기 위한 요소들은 다음과 같으며, 조사를 계획할 때 회복 시점을 평가하기 위한 지표로 참고할 필요가 있다.

- BACI 분석을 통하여, 사고 이전과 이후 그리고 영향지역과 비 영향지역에서의 저서동물 종 특성(종수, 밀도, 종 다양도, 우점종 등)과 군집 구조 그리고 건강한 생태계 기능(먹이망 구조, 영양 단계, 생산량, 종 조성 등)의 차이가 나타나지 않을 경우
- 모든 조간대 지역(상부, 중부, 하부)에서 영향을 받았던 종의 가입이 정상적으로 되풀이되고, 종 특성이 일정하게 반복되어 유지되었을 경우
- 유류오염 전에 우점하였던 주요 종이 가입되어, 조간대 서식 특성에 맞게 대상분포를 유지하고 있을 경우
- 유류오염 지역에서 회복을 평가하기 위해 사전에 계획하였던 특정 종이 가입되어 생태계에서 정상적인 기능이 나타날 경우
- 유류오염 지역에서 생태계 회복 촉진을 위하여 인위적으로 실시한 복원 프로그램이 성공적으로 목표치를 달성하였을 경우

11.3 암반조간대 생태계 모니터링

11.3.1 조사지역 분류와 선택

11.3.1.1 현장 연구를 위한 설계

연구 지역, 채집되는 생물학적 단위, 채집 설계, 레이아웃, 사용되는 단위, 획득되는 자료의 형태를 결정한다.

11.3.1.2 물리적 특성

■ 암반 해안과 퇴적물의 형태

해안의 주된 특징과 서식지의 전체적인 양상에 관하여 개괄적으로 설명하는 것은 그 해안의 주된 군집양상을 설명하는 최선의 방법이다. 예를 들면, 그 해안이 암반해안인지 아니면 모래갯벌 또는 펄 갯벌인지, 그리고 노출성인지 은폐성인지를 설명해야 한다. 암반해안이라면 완전히 암반으로만 구성되었는지, 주로 큰 바위나 자갈로 구성되었는지, 그리고 바위나 자갈들의 대략적 크기는 어느 정도이며, 퇴적물의 대략적 등급은 무엇인지를 설명해야 한다. 그리고 해안은 가파른 절벽의 형태인지 아니면 완만한 경사를 보이고 있는지 암반이나 바위를 구성하는 암석의 종류는 무엇인지 등을 설명해야 한다.

또한, 조간대를 구성하는 퇴적물의 형태는 부착 미세조류의 종류 등을 좌우하고, 퇴적물의 형태에 따라 분포하는 생물의 종류와 개체수가 달라지기 때문에 암반 생태계를 이해하는 데 중요하다.

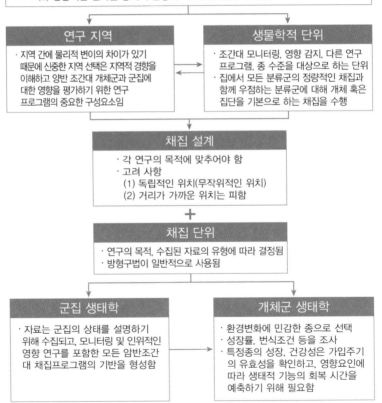

연구 목표

· 연구에 응답할 질문 또는 가설을 시험할 목표 설정
　(1) 기본 연구: 종 개체수, 군집 조성과 같은 생물학적 조건의 현재 상태를 확인
　(2) 영향 연구: 특별히 알려진 변화에 대한 생물학적 변동을 확인
　(3) 모니터링 연구: 시간을 통한 생물학적 변이를 확인
　(4) 패턴과 절차의 연구: 생태적 현장 평가

연구 설계

· 연구 설계에 포함되어야 할 사항
　(1) 공간과 시간 조절의 필요성
　(2) 연구에서의 궁금증에 대한 해답에 필요한 자료분석 방법의 사전 결정
　(3) 채집 단계마다의 반복성
　(4) 다양한 채집 장소 사용
　(5) 짧은 시간과 좁은 공간에 존재하는 변화의 잠재적 영향
　(6) 독립적이고 반복적인 채집
　(7) 설계에 따라서 채집은 무작위 혹은 우연히 이루어짐
　(8) 정량적인 결과는 통계적 변동의 척도로 표현될 수 있음

연구 지역

· 지역 간에 물리적 변이의 차이가 있기 때문에 신중한 지역 선택은 지역적 경향을 이해하고 양반 조간대 개체군과 군집에 대한 영향을 평가하기 위한 연구 프로그램의 중요한 구성요소임

생물학적 단위

· 조간대 모니터링, 영향 감지, 다른 연구 프로그램, 종 수준을 대상으로 하는 단위
· 집에서 모든 분류군의 정량적인 채집과 함께 우점하는 분류군에 대해 개체 혹은 집단을 기본으로 하는 채집을 수행

채집 설계

· 각 연구의 목적에 맞추어야 함
· 고려 사항
　(1) 독립적인 위치(무작위적인 위치)
　(2) 거리가 가까운 위치는 피함

채집 단위

· 연구의 목적, 수집된 자료의 유형에 따라 결정됨
· 방형구법이 일반적으로 사용됨

군집 생태학

· 자료는 군집의 상태를 설명하기 위해 수집되고, 모니터링 및 인위적인 영향 연구를 포함한 모든 암반조간대 채집프로그램의 기반을 형성함

개체군 생태학

· 환경변화에 민감한 종으로 선택
· 성장률, 번식조건 등을 조사
· 특정종의 성장, 건강성은 가입주기의 유효성을 확인하고, 영향요인에 따라 생태적 기능의 회복 시간을 예측하기 위해 필요함

그림 11-10 암반조간대 현장 연구를 위한 모식도

표 11-2 퇴적물 형태 구분

mm	Ø	퇴적물 형태
4~64	-2~-6	잔자갈(pebble)
64~256	-6~-8	왕자갈(cobble)
254 이상	-8 이상	호박돌(boulder)

(a) 절벽(Cliffs)　　　　　　(b) 암반 대지(Rocky platform)

(c) 인공구조물(Manmade structure)　　　(d) 혼합 해변(Mixed sediments)

(e) 자갈 해변(Pebble and cobble)　　　　(f) 호박돌(Boulder)

그림 11-11 Environmental Sensitivity Index(ESI)에 의한 암반 해안의 형태 구분
(사진: KIOST)

■ 조사지선의 조고 측량(노출과 경사)

각 조사지선의 조고 측량은 대형저서동물의 분포 범위와 출현하는 생물이 대기 노출 시간에 따라 차이가 있는지 파악하기 위해 실시한다. 조사정점의 조고를 조사하는 방법은 여러가지 방법들이 사용되고 있으나, 그중 GPS 기반 측량 기술인 RTK-GPS(Real-Time Kinematic Global Positioning System)법은 몇 cm 수준의 정확도를 보이는 정밀한 측정 방법으로 가장 흔히 이용되고 있다.

(a) 고정된 기준점 설치(통합 기준점)   (b) 특정 위치의 조고 측량(정지측량법)

그림 11-12 RTK-GPS법을 이용한 조고 측량

11.3.2 조사 방법 설계

11.3.2.1 조사지선의 설정

조사지선의 방향은 파도와 태양 노출의 측면에서 중요하게 작용한다. 북반구에서, 남쪽으로 뻗은 해안은 북쪽으로 뻗은 해안보다 태양 직사광을 오랜 시간 받아들이고, 극심한 건조 및 온도 변화를 경험할 수 있다. 선행 연구에 따르면, 조사지선의 설정은 현장조사전 예비 현장 답사 또는 탐문 조사 과정을 거쳐 조사 지역의 생태계를 대표할 수 있고, 해안선이나 등심선에 직각으로 측선(transect line)을 긋고, 지리와 지형적으로 대표적인

단면을 얻을 수 있도록 설정하는 것이 좋다.

11.3.2.2 조사 정점의 선정

조간대 환경에서 대기에 노출되는 시간은 생물의 분포를 결정짓는 중요한 요인이며, 이로 인해 조간대 대형저서동물은 노출시간의 차이에 따라 분포대를 구분할 수 있다. 조간대 상부는 해안의 위쪽 부분으로 이끼류와 남조류, 총알고둥류 등이 분포한다. 조간대 중부는 해안의 가운데 부분을 말하며, 조간대 지역 중 가장 넓은 부분을 차지하고, 따개비류, 굴, 갈고둥 등이 분포한다. 조간대 하부는 해안의 아래 부분으로서

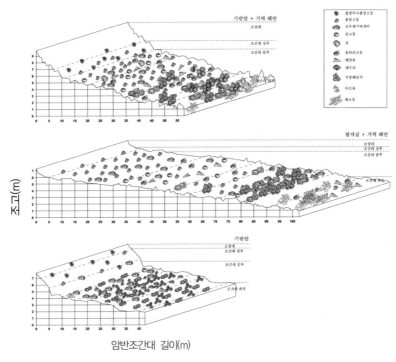

그림 11-13 다양한 암반 해안의 생물 분포(사진: KIOST)

석회관갯지렁이, 보말고둥 및 다양한 해조류가 분포한다.

11.3.2.3 조사시기(횟수)

계절의 변화(계절풍의 영향)가 뚜렷한 우리나라의 경우, 시간에 따른 변동 특성을 파악하기 위해 4계절 조사가 필수적이다.

11.3.2.4 생물 채집

조간대에서 생물 채집 도구는 조사의 목적에 따라 다르지만, 암반 조간대에서는 방형구를 사용하는 경우가 대부분이다. 암반조간대에서 생물 채집은 일반적으로 하나의 방형구 내에 보통 100개체 정도가 포함되는 것이 이상적이다. 채집 단위가 작을 경우, 표본으로 택한 개체군 내 변이가 표본 간 변이보다 더 크게 나타남으로 인해서 표본 간의 밀도나 풍도를 비교하기 어렵기 때문에 적절한 채집 단위를 선택하는 것은 집단 간 또는 지역 간 통계적 비교를 하기 위한 중요한 단계이다. 조간대에서 흔히 발견되는 생물에 대한 적정 채집 단위를 아래에 제시하였다.

11.3.3 암반조간대 생물군집에 대한 유류의 영향

전 세계적으로 유류 유출사고는 암반 생태계에 많은 영향을 주었고, 유류오염에 따른 생물 번식 활동 및 성장 저해, 개체군 구조 변화, 형태학적 기형 증가 및 생식소 발달 저하 등에 대한 유류의 영향이 다양한 암반해안 생물종들에서 관찰되고 연구되었다.

암반조간대 생물에게 미치는 유류의 영향은 암반 형태, 유류의 독성, 점도, 오염 정도(유출량), 서식생물의 민감성에 따라 다르게 나타나지만, 일반적으로 사고 초기에 초식동물이 암반에서 제거되며, 초식동물이 감소한

표 11-3 조간대에서 흔히 발견되는 생물의 적정 채집 단위

채집 단위(m²)	대상종	참고문헌
0.0225	*Littorina scutulata*	Chow, 1976
0.04	*Macclintockia scabra(as Acmaeascabra)*	Sutherland, 1970
0.06	*Laurencia papillosa*	Birkeland et al., 1976
0.0625	*Endocladia/Mastocarpus* Mussels Miscellaneous	Kinnetics Laboratories, Inc., 1992
0.07	Coralline algae	Littler, 1971
0.10	Barnacles Mussels	Connell, 1961 Kennedy, 1976
0.125	*Littorina* Barnacles *Abietinaria*	Birkeland et al., 1976 Reimer, 1976
0.15	Miscellaneous	Littler and Littler, 1985
0.25	*Tegula funebralis* Gastropods Miscellaneous	Frank, 1975 Russell, 1973 Underwood, 1976
0.375	Barnacles Turf(e.g. *Endocladia*) *Silvetia* Mussels	Richards and Davis, 1988 Ambrose et al., 1995
1.0~3.1	*Lottia gigantea* *Leptasterias*	Ambrose et al., 1995 Menge, 1972
10~100	Abalone Sea stars	Ambrose et al., 1995 Menge, 1972 Richards and Davis, 1988

이후 대형 해조류가 증식한다. 또한 종종 해조류 사이와 바위 밑에 서식하는 단각류와 같은 작은 갑각류가 폐사하여 유기물 분해의 중요한 과정을 지연시킨다. 동시에 수분이 충분하고 성장하기 좋은 하부 서식처에 정착해서 성장하는 어린 삿갓조개류 및 고둥류는 점점 더 번식하기 위해서 개방성 해안으로 이동한다. 이들은 풍부한 먹이를 섭식하며 빠르게 성장하고, 암반을 뒤덮고 있던 해조류를 점차 감소시킨다.

경우에 따라 해안이 '정상 수준'으로 안정화되기까지 오랜 시간이 걸릴 수 있지만, 직접적인 피해가 심했던 지역에서조차 장기적인 피해를 가져온 경우는 드물었고, 군집들은 보통 2~3년 내에 회복되었다. 이것은 유류가 장기적인 영향을 야기할 만큼의 양이 암반해안에 남지 않았고, 암반조간대 생물들은 대부분 상당한 회복능력을 갖고 있기 때문으로 해석하였다. 국내외에서 수행된 연구의 결과를 비교하면, 조사 지역의 해양 환경과 서식생물의 지역적 차이로 인해 유류에 대한 생물의 반응은 다소 차이를 보였지만, 초기 초식동물의 감소가 나타나고 사고 이후 2~3년 이내에 기존종과 주변 종들의 재점유에 의해 회복의 징후를 보이는 몇 가지 공통적인 경향을 보였다.

참고문헌

김문구, 임운혁, 하성용, 안준건, 심원준. 2015. 해양 유류오염 평가 및 모니터링 지침서. 해양수산부, 한국해양과학기술원. 46 pp.

박흥식, 정윤환, 윤건탁. 2015. 유류오염에 따른 연안생태계 조사 지침서-조간대 암반생태계. 해양수산부, 한국해양과학기술원. 10 pp.

유옥환, 이형곤, 박흥식. 2015. 유류오염에 따른 연안생태계 조사 지침서-연성기질 조간대 생태계. 해양수산부, 한국해양과학기술원. 17 pp.

이창훈, 성찬경, 정지현. 2015. 유류오염 생태독성 및 생체지표 모니터링 지침서. 해양수산부, 한국해양과학기술원. 21 pp.

임운혁, 하성용, 김문구, 심원준. 2015. 유지문 감식기법 지침서. 해양수산부, 한국해양과학기술원. 22 pp.

해양경찰청, 2000. 국가방제기본계획.

해양경찰청, 2002. 지역방제실행계획.

해양경찰청, 2004. 해양오염 방제 사례집, 190 pp.

해양경찰청, 2004. 해양오염 방제 핸드북, 127 pp.

해양경찰청, 2009. SCAT(해안오염평가) 현장지침서, 81 pp.

해양경찰청, 2009. 방제장비 운용지침, 56 pp.

해양경찰청, 2009. 해안유출시 방제종료기준지침, 27 pp.

해양경찰청, 2023. 2022 해양경찰백서.

해양수산부, 2019. 유류오염 환경영향평가 및 환경복원 연구 최종보고서.

Aeppli, C., Carmichael, C.A., Nelson, R.K., Lemkau, K.L., Graham, W.M., Redmond, M.C., Valentine, D.L., Reddy, C.M. 2012. Oil Weathering after the Deepwater Horizon Disaster Led to the Formation of Oxygenated Residues. Environ Sci Technol 46(16): 8799-8807.

American Society for Testing and Materials (ASTM). 2014. Standard Guide for Collection, Storage, Characterization, and Manipulation of Sediments for Toxicological Testing and for Selection of Samplers Used to Collect Benthic Invertebrates. ASTM E1391-03.

Baek, S.H., Son, M., Shim, W.J. 2013. Effects of Chemically Enhanced Water-Accommodated Fraction of Iranian Heavy Crude Oil on Periphytic Microbial Communities in Microcosm Experiment. Bull Environ Contam Toxicol 90: 605-610.

Barron, M.G., Carls, M.G., Short, J.W., Rice, S.D., Heintz, R.A., Rau, M., Di Giulio, R. 2005. Assessment of the phototoxicity of weathered Alaska North Slope crude oil to juvenile pink salmon. Chemosphere 60: 105-110.

Barron, M.G., Vivian, D.N., Heintz, R.A., Yim, U.H. 2020. Long-Term Ecological Impacts from Oil Spills: Comparison of Exxon Valdez, *Hebei Spirit*, and Deepwater Horizon. Environ Sci Technol 54: 6456-6467.

Centre of Documentation Centre of Documentation, Research and Experimentation on Accidental Water Pollution (Cedre). 2007. Understanding Black Tides. 120 pp.

Cho, Y., Ahmed, A., Islam, A., Kim, S. 2014. Developments in FT-ICR MS instrumentation, ionization techniques, and data interpretation methods for petroleomics. Mass Spectrom Rev 34: 248-263.

Cho, Y., Na, J.G., Nho, N.S., Kim, S.H., Kim, S. 2012. Application of Saturates, Aromatics, Resins, and Asphaltenes Crude Oil Fractionation for Detailed Chemical Characterization of Heavy Crude Oils by Fourier Transform Ion Cyclotron Resonance Mass Spectrometry Equipped with Atmospheric Pressure Photoionization. Energy Fuel 26: 2558-2565.

Coastal Response Research Center (CRRC). 2007. Submerged Oil - State of the Practice and Research Needs. Coastal Response Research Center, Durham, New Hampshire, 29 pp.

Damasio, J.B., Barata, C., Munne, A., Ginebreda, A., Guasch, H., Sabater, S.,

Caixach, J., Porte, C. 2007. Comparing the response of biochemical indicators (biomarkers) and biological indices to diagnose the ecological impact of an oil spillage in a Mediterranean river (NE Catalunya, Spain). Chemosphere 66: 1206–1216.

Di Toro, D.M., McGrath, J.A., Stubblefield, W.A. 2007. Predicting the toxicity of neat and weathered crude oil: Toxic potential and the toxicity of saturated mixtures. Environ Toxicol Chem 26: 24–36.

Donaghy, L., Hong, H.K., Kim, M., Park, H.S., Choi, K.S. 2016. Assessment of the fitness of the mussel *Mytilus galloprovincialis* two years after the *Hebei Spirit* oil spill. Mar Pollut Bull 113: 324–331.

Goldberg, E.D. 1975. The Mussel Watch: A First Step in Global Marine Monitoring. Mar Pollut Bull 6: 111–114.

Han, E., Park, H.J., Bergamino, L., Choi, K.S., Choy E.J., Yu, O.H., Lee, T.W., Park, H.S., Shim, W.J., Kang, C.K. 2015. Stable isotope analysis of a newly established macrofaunal food web 1.5 years after the *Hebei Spirit* oil spill. Mar Pollut Bull 90: 167–180.

Heintz, R.A., Short, J.W., Rice, S.D. 1999. Sensitivity of fish embryos to weathered crude oil: Part II. Increased mortality of pink salmon (Oncorhynchus gorbuscha) embryos incubating downstream from weathered Exxon Valdez crude oil. Environ Toxicol Chem 18: 494–503.

Hong, H.K., Donaghy, L., Kang, C.K., Kang, H.S., Lee, H.J., Park, H.S., Choi, K.S. 2016. Substantial changes in hemocyte parameters of Manila clam *Ruditapes philippinarum* two years after the *Hebei Spirit* oil spill off the west coast of Korea. Mar Pollut Bull 108: 171–179.

Hong, S., Khim, J.S., Ryu, J., Kang, S.G., Shim, W.J., Yim, U.H. 2014. Environmental and ecological effects and recoveries after five years of the *Hebei Spirit* oil spill, Taean, Korea. Ocean Coast Manag 102: 522–532.

Hong, S., Khim, J.S., Ryu, J., Park, J., Song, S.J., Kwon, B.O., Cho, K., Seo, J.H., Lee, S., Park, J., Lee, W., Cho, Y., Lee, K.T., Kim, C.K., Shim, W.J.,

Naile, J., Giesy, J.P. 2011. Two years after the *Hebei Spirit* oil spill: Residual crude-derived hydrocarbons and potential AhR-mediated activities in coastal sediments. Environ Sci Technol 46: 1406-1414.

Hong, S., Lee, S., Choi, K., Kim, G.B., Ha, S.Y., Kwon, B.O., Ryu, J., Yim, U.H., Shim, W.J., Jung, J., Giesy, J.P., Khim, J.S. 2015. Effect-directed analysis and mixture effects of AhR-active PAHs in crude oil and coastal sediments contaminated by the *Hebei Spirit* oil spill. Environ Pollut 199: 110-118.

Hong, S., Yim, U.H., Ha, S.Y., Shim, W.J., Jeon, S., Lee, S., Kim, C., Choi, K., Jung, J., Giesy, J.P., Khim, J.S. 2016. Bioaccessibility of AhR-active PAHs in sediments contaminated by the *Hebei Spirit* oil spill: Application of Tenax extraction in effect-directed analysis. Chemosphere 144: 706-712.

Incardona, J.P. 2018. Molecular Mechanisms of Crude Oil Developmental Toxicity in Fish. Arch Environ Contam Toxicol 73: 19.32

Incardona, J.P., Carls, M.G., Teraoka, H., Sloan, C.A., Collier, T.K., Scholz, N.L. 2005. Aryl hydrocarbon receptor-independent toxicity of weathered crude oil during fish development. Environ Health Perspect 113: 1755-1762.

Incardona, J.P., Swarts, T.L., Edmunds, R.C., Linbo, T.L., Aquilina-Becka, A., Sloana, C.A., Gardner, L.D., Block, B.A., Scholz, N.L. 2013. Exxon Valdez to Deepwater Horizon: Comparable toxicity of both crude oils to fish early life stages. Aquat Toxicol 142-143: 303-316.

International Petroleum Industry Environmental Conservation Association (IPIECA). 2001. Dispersants and their role in oil spill response, IPIECA, London.

International Tanker Owners Pollution Federation Limited (ITOPF). 2002. Fate of Marine Oil Spills. Technical Information Paper No. 2.

International Tanker Owners Pollution Federation Limited (ITOPF). 2024. Handbook 2024/25. 60 pp.

Islam, A., Cho, Y., Yim, U.H., Shim, W.J., Kim, Y.H., Kim, S. 2013. The comparison of naturally weathered oil and artificially photo-degraded oil at the molecular level by a combination of SARA fractionation and FT-ICR MS. J Hazard Mater 263: 404-411.

Jeong, H.J., Lee, H.J., Hong, S., Khim, J.S., Shim, W.J., Kim, G.B. 2015. DNA damage caused by organic extracts of contaminated sediment, crude, and weathered oil and their fractions recovered up to 5 years after the 2007 *Hebei Spirit* oil spill off Korea. Mar Pollut Bull 95: 452-457.

Ji, K., Seo, J., Liu, X., Lee, J., Lee, S., Lee, W., Park, J., Khim, J.S., Hong, S., Choi, Y., Shim, W.J., Takeda, S., Giesy, J.P., Choi, K. 2011. Genotoxicity and endocrine-disruption potentials of sediment near an oil spill site: Two years after the *Hebei Spirit* oil spill. Environ Sci Technol 45: 7481-7488.

Joo, C., Shim, W.J., Kim, G.B., Ha, S.Y., Kim, M., An, J.G., Kim, E, Kim, B., Jung, S.W., Kim, Y.O., Yim, U.H. 2013. Mesocosm study on weathering characteristics of Iranian Heavy crude oil with and without dispersants. J Hazard Mater 248: 37-46.

Jung, D., Guan, M., Lee, S., Kim, C., Shin, H., Hong, S., Yim, U.H., Shim, W.J., Giesy, J.P., Khim, J.S., Zhang, X., Choi, K. 2017. Searching for novel modes of toxic actions of oil spill using *E. coli* live cell array reporter system - A *Hebei Spirit* oil spill study. Chemosphere 169: 669-677.

Jung, D., Kim, J.A., Park, M.S., Yim, U.H., Choi, K. 2017. Human health and ecological assessment programs for *Hebei Spirit* oil spill accident of 2007: Status, lessons, and future challenges. Chemosphere 173: 180-189.

Jung, J.H., Chae, Y.S., Kim, H.N., Kim, M., Yim, U.H., Ha, S.Y., Han, G.M., An, J.G., Kim, E., Shim, W.J. 2012. Spatial Variability of Biochemical Responses in Resident Fish after the M/V *Hebei Spirit* Oil Spill (Taean, Korea). Ocean Sci J. 47: 209-214.

Jung, J.H., Choi, S.B., Hong, S.H., Chae, Y.S., Kim, H.N., Yim, U.H., Ha, S.Y., Han, G.M., Kim, D.J., Shim, W.J. 2014. Fish biological effect monitoring of chemical stressors using a generalized linear model in

South Sea, Korea. Mar Pollut Bull 78: 230-234.

Jung, J.H., Hicken, C.E., Boyd, D., Anulacion, B.F., Carls, M.G., Shim, W.J., Incardona, J.P. 2013. Geologically distinct crude oils cause a common cardiotoxicity syndrome in developing zebrafish. Chemosphere 91: 1146-1155.

Jung, J.H., Kim, M., Yim, U.H., Ha, S.Y., An, J.G., Won, J.H., Han, G.M., Kim, N.S. Addison, R.F., Shim, W.J. 2011. Biomarker responses in pelagic and benthic fish over 1 year following the *Hebei Spirit* oil spill (Taean, Korea). Mar Pollut Bull 62: 1859-1866.

Jung, J.H., Kim, M., Yim, U.H., Ha, S.Y., Shim, W.J., Chae, Y.S., Kim, H.N., Incardona, J.P., Linbo, T.L., Kwon, J.H. 2015. Differential Toxicokinetics Determines the Sensitivity of Two Marine Embryonic Fish Exposed to Iranian Heavy Crude Oil. Environ Sci Technol 49: 13639-13648.

Jung, J.H., Lee E.H., Choi K.M., Yim U.H., Ha, S.Y., An, J.G., Kim, M. 2017., Developmental toxicity in flounder embryos exposed to crude oils derived from different geographical regions. Comp Biochem Physiol C 196: 19-26.

Jung, S.W., Kwon, O.Y., Joo, C.K., Kang, J.H., Kim, M., Shim, W.J., Kim, Y.O. 2012. Stronger impact of dispersant plus crude oil on natural plankton assemblages in short-term marine mesocosms. J Hazard Mater 338-349.

Jung, Y.H., Park, H.S., Yoon, K.T., Kim, H.J., Shim, W.J. 2017. Long-term changes in rocky intertidal macrobenthos during the five years after the *Hebei Spirit* oil spill, Taean, Korea. Ocean Sci J 52: 103-112.

Jung, Y.H., Yoon, K.T., Shim, W.J., Park, H.S. 2015. Short-Term Variation of the Macrobenthic Fauna Structure on Rocky Shores after the *Hebei Spirit* Oil Spill, West Coast of Korea. J. Coast Res 31: 177-183.

Kang, H.J., Lee, S.Y., Kwon, J.H. 2016. Physico-chemical properties and toxicity of alkylated polycyclic aromatic hydrocarbons. J Hazard Mater 312: 200-2007.

Kang, H.J., Lee, S.Y., Roh, J.Y., Yim, U.H., Shim, W.J., Kwon J.H. 2014.

Prediction of ecotoxicity of heavy crude oil: contribution of measured components. Environ Sci Technol, 48(5): 2962-2970.

Kang, T., Min, W.G., Rho, H.S., Park, H.S., Kim, D. 2013. Differential responses of a benthic meiofaunal community to an artificial oil spill in the intertidal zone. J Mar Biol Assoc UK 94: 219-231.

Khan, M.A., Al-Ghais, S.M., Catalin, B., Khan, Y.H. 2005. Effects of petroleum hydrocarbons on aquatic animals. In Developments in Earth and Environmental Sciences. 3: 159-185.

Kim, C., Lee, I., Jung, D., Hong, S., Khim, J.S., Giesy, J.P., Yim, U.H., Shim, W.J., Choi, K. 2017. Reconnaissance of dioxin-like and estrogen-like toxicities in sediments of Taean, Korea-seven years after the *Hebei Spirit* oil spill. Chemosphere 168: 1203-1210.

Kim, D., Ha, S.Y., An, J.G., Cha, S., Yim, U.H., Kim, S. 2018. Estimating degree of degradation of spilled oils based on relative abundance of aromatic compounds observed by paper spray ionization mass spectrometry. J Hazard Mater. 359: 421-428.

Kim, H.N., Park, C., Chae, Y.S., Shim, W.J., Kim, M., Addison, R.F., Jung, J.H. 2013. Acute toxic responses of the rockfish (*Sebastes schlegeli*) to Iranian heavy crude oil: Feeding disrupts the biotransformation and innate immune systems. Fish Shellfish Immun 35: 357-365.

Kim, M., Hong, S.H., Won, J.H., Yim, U.H., Jung, J.H., Ha, S.Y., An, J.G., Joo, C., Kim, E.S., Han, G.M., Baek, S.H., Choi, H.W., Shim, W.J. 2013. Petroleum hydrocarbon contaminations in the intertidal seawater after the *Hebei Spirit* oil spill e Effect of tidal cycle on the TPH concentrations and the chromatographic characterization of seawater extracts. Water Res 47: 758-768.

Kim, M., Jung, J.H., Ha, S.Y., An, J.G., Shim, W.J., Yim, U.H. 2017. Long-Term Monitoring of PAH Contamination in Sediment and Recovery After the *Hebei Spirit* Oil Spill. Arch Environ Contam Toxicol 73: 93-102.

Kim, M., Yim, U.H., Hong, S.H., Jung, J.H., Choi, H.W., An, J.G., Won, J.H.,

Shim, W.J. 2010. *Hebei Spirit* oil spill monitored on site by fluorometric detection of residual oil in coastal waters off Taean, Korea. Mar Pollut Bull 60: 383-389.

Kim, S., Ha, S.Y., Kang, H., Yim, U.H., Shim, W.J., Khim, J.S., Jung, D., Choi, K. 2016. Thyroid Hormone Disruption by Water-Accommodated Fractions of Crude Oil and Sediments Affected by the *Hebei Spirit* Oil Spill in Zebrafish and GH3 Cells. Environ Sci Technol 50: 5972-5980.

Kwon, K.K., Oh, J.H., Yang, S.H., Seo, H.S., Lee, J.H. 2015. *Alcanivorax gelatiniphagus* sp. nov., a marine bacterium isolated from tidal flat sediments enriched with crude oil. Int J Sys Evol Microbiol 65: 2204-2208.

Lee, C.H., Lee, J.H., Sung, C.G., Moon, S.D., Kang, S.K., Yim, U.H., Shim, W.J., Ha, S.Y. 2013. Monitoring toxicity of polycyclic aromatic hydrocarbons in intertidal sediments for five years after the *Hebei Spirit* oil spill in Taean, Republic of Korea. Mar Pollut Bull 76: 241-249.

Lee, D., Lee, H., Kwon, B.O., Khim, J.S., Yim, U.H., Kim, B.S., Kim, J.J. 2018. Biosurfactant-assisted bioremediation of crude oil by indigenous bacteria isolated from Taean beach sediment. Environ. Pollut 241: 254-264.

Lee, D.W., Lee, H., Lee, A.H., Kwon, B.O., Khim, J.S., Yim, U.H., Kim, B.S., Kim, J.J. 2018. Microbial community composition and PAHs removal potential of indigenous bacteria in oil contaminated sediment of Taean coast, Korea. Environ Pollut 234: 503-512.

Lee, E.H., Kim, M., Moon, Y.S., Yim, U.H., Ha, S.Y., Lee, J.S., Jung, J.H. 2018. Adverse toxic effects and immune system dysfunction in response to dietary exposure to weathered Iranian heavy crude oil in the rockfish Sebastes schlegeli. Aquat Toxicol 127-135.

Lee, H.J., Shim, W.H., Lee, J., Kim, G.B. 2011. Temporal and geographical trends in the genotoxic effects of marine sediments after accidental oil spill on the blood cells of striped beakperch (*Oplegnathus fasciatus*). Mar Pollut Bull 2264-2268.

Lee, K.W., Shim, W.J., Yim, U.H., Kang, J.H. 2013. Acute and chronic toxicity study of the water accommodated fraction (WAF), chemically enhanced WAF (CEWAF) of crude oil and dispersant in the rock pool copepod *Tigriopus japonicus*. Chemophere. 92: 1161-1168.

Loh, A., Shim, W.J., Ha, S.Y., Yim, U.H. 2014. Oil-suspended particulate matter aggregates: Formation mechanism and fate in the marine environment. Ocean Sci J 49: 329-341.

Loh, A., Yim, U.H., Ha, S.Y., An, J.G. 2018. A preliminary study on the role of suspended particulate matter in the bioavailability of oil-derived polycyclic aromatic hydrocarbons to oysters. Sci Total Environ 643: 1084-1090.

Loh, A., Yim, U.H., Ha, S.Y., An, J.G., Kim, M. 2017. Contamination and Human Health Risk Assessment of Polycyclic Aromatic Hydrocarbons (PAHs) in Oysters After the Wu Yi San Oil Spill in Korea. Arch Environ Contam Toxicol 73: 103-117.

Loh, A., Yim, U.H., Ha, S.Y., An, J.G., Shankar, R. 2019. Fate of residual oils during remediation activities after the Wu Yi San oil spill. Mar Pollut Bull 138: 328-332.

Mackay, D. 1987. Formation and stability of water-in-oil emulsions. DIWO Report No. 1. IKU. SINTEF Group, Trondheim, Norway.

Mondol, M.R., Keshavmurthy, S., Lee, H.J., Hong, H.K., Park, H.S., Park, S.R., Kang, C.K., Choi, K.S. 2015. Recovery of wild Pacific oyster, *Crassostrea gigas* in terms of reproduction and gametogenesis two-years after the *Hebei Spirit* Oil Spill Accident off the West Coast of Korea. Cont Shelf Res 111: 333-341.

National Academies of Sciences, Engineering, and Medicine (NASEM). 2016. *Spills of Diluted Bitumen from Pipelines: A Comparative Study of Environmental Fate, Effects, and Response*. Washington, DC: The National Academies Press.

National Academies of Sciences, Engineering, and Medicine (NASEM). 2023. Oil
    in the Sea IV: Quick Guide for Practitioners and Researchers. Washington,
    DC: The National Academies Press. https://doi.org/10.17226/27155.
National Research Council (NRC). 1999. Spills of nonfloating oils: Risk and
    responses. National Academy Press, Washington, D.C. 88 pp.
National Research Council (NRC). 2005. Oil Spill Dispersants: Efficacy and
    Effects. Academic Press, Washington D.C.
Office of Response and Restoration (ORR). 2006. Tarballs. NOAA's National
    Ocean Service, Washington D.C.
Peterson, C.H., Rice, S.D., Short, J.W., Esler, D., Bodkin, J.L., Ballachey, B.E.,
    Irons, D.B. 2003. Long-term ecosystem response to the Exxon
    Valdez oil spill. Science 302: 2082-2086.
Rhee, J.S., Kim, B.M., Choi, B.S., Choi, I.Y., Wu, R.S.S., Nelson, D.R., Lee, J.S.,
    2013. Whole spectrum of cytochrome p450 genes and molecular
    responses to water-accommodated fractions exposure in the Marine
    Medaka. Environ Sci Technol 47: 4804-4812.
Ryu, J., Hong, S., Chang, W.K., Khim, J.S. 2016. Performance evaluation and
    validation of ecological indices toward site-specific application for
    varying benthic conditions in Korean coasts. Sci Total Environ 15:
    1161-1171.
Seo, J.Y., Kim, M., Lim, H.S., Choi, J.W. 2014. The macrofaunal communities
    in the shallow subtidal areas for the first 3 years after the *Hebei
    Spirit* oil spill. Mar Pollut Bull 82: 208-220.
Sergy, G.A., Owen, E.H. 2007. Guidelines for selecting shoreline treatment
    endpoints for oil spill response. Environment Canada. 28 pp.
Shankar, R., Shim, W.J., An, J.G., Yim, U.H. 2015. A practical review on
    photooxidation of crude oil: Laboratory lamp setup and factors
    affecting it. Water Res 68: 304-315.
Sim, A.R., Cho, Y., Kim, D., Witt, M., Birdwell, J.E., Kim, B.J., Kim, S. 2015.
    Molecular-level characterization of crude oil compounds combining
    reversed-phase high-performance liquid chromatography with off-

line high-resolution mass spectrometry. Fuel 140: 717-723.

U.S. Environmental Protection Agency (USEPA). 1994. Methods for assessing the toxicity of sediment-associated contaminants with estuarine and marine amphipods.

U.S. Environmental Protection Agency (USEPA). 2001. Methods for Collection, Storage and Manipulation of Sediments for Chemical and Toxicological Analyses. EPA 823/B-01/002.

U.S. Environmental Protection Agency (USEPA). 2002. Short-term methods for estimating the chronic toxicity of effluents and receiving waters to marine and estuarine organisms. EPA 821/R-02/014.

Wan, Y., Wang, B., Khim, J.S., Hong, S., Shim, W.J., Hu, J. 2014. Naphthenic Acids in Coastal Sediments after the *Hebei Spirit* Oil Spill: A Potential Indicator for Oil Contamination. Environ Sci Technol 48: 4153-4162.

Won, E.J., Rhee, J.S., Shin, K.H., Jung, J.H., Shim, W.J., Lee, Y.M., Lee, J.S. 2013. Expression of three novel cytochrome P450 (CYP) and antioxidative genes from the polychaete, *Perinereis nuntia* exposed to water accommodated fraction (WAF) of Iranian crude oil and Benzo[α]pyrene. Mar Environ Res 90: 75-84.

Xie, Y., Zhang, W., Yang, J., Kim, S., Hong, S., Yim, U.H., Shim, W.J., Yu, H., Khim, J.S. 2018. eDNA-based bioassessment of coastal sediments impacted by an oil spill. Environ Pollut 238: 739-748.

Yang, H.S., Kang, D.H., Park, H.S., Choi, K.S. 2011. Seasonal changes in reproduction and biochemical composition of the cockle, *Fulvia mutica Reeve*, in Cheonsu Bay off the west coast of Korea. J Shell Res 30: 95-101.

Yim, U.H., Ha, S.Y., An, J.G., Won, J.H., Han, G.M., Hong, S.H., Kim, M., Jung, J.H., Shim, W.J. 2011. Fingerprint and weathering characteristics of stranded oils after the *Hebei Spirit* oil spill. J Hazard Mater 197: 60-69.

Yim, U.H., Hong, S., Lee, C., Kim, M., Jung, J.H., Ha, S.Y., An, J.G., Kwon,

B.O., Kim, T., Lee, C.H., Yu, O.H., Choi, H.W., Ru, J, Khim, J.S., Shim, W.J. 2020. Rapid recovery of coastal environment and ecosystem to the *Hebei Spirit* oil spill's impact. Environ Int 136: 105438.

Yim, U.H., Khim, J.S., Kim, M., Jung, J.H., Shim, W.J. 2017. Environmental Impacts and Recovery After the *Hebei Spirit* Oil Spill in Korea. Arch Environ Contam Toxicol 73: 47–54.

Yim, U.H., Kim, M., Ha, S.Y., Kim, S., Shim, W.J. 2012. Oil Spill Environmental Forensics; the *Hebei Spirit* Oil Spill Case. Environ Sci Technol 46: 6431–6437.

Yu, O.H., Lee, H.G., Shim, W.J., Kim, M., Park, H.S. 2013. Initial impacts of the *Hebei Spirit* oil spill on the sandy beach macrobenthic community west coast of Korea, Mar Pollut Bull 70: 189–196.

Yu, O.H., Su, H.L. 2011. Secondary Production of the Eusirid Amphipod *Pontogeneia rostrata* Gurjanova, 1938 (Crustacea: Peracarida) on a Sandy Shore in Korea. Ocean Sci J 47: 211–217.

부록

부록 1 유류표착해안 유징분포 조사 방법

유류 유출사고 이후 피해 지역별 오염현황 및 정도, 영향범위를 파악하기 위해서는 정기적인 유류표착해안 유징분포 조사가 필요하다. 이를 위해서는 현장의 생생한 오염정보를 가지고 있는 현지 주민과 시민단체 등을 포함하여 조사단을 구성하여 실시하는 것이 바람직하다. 시민조사단 운영을 통한 유징분포 조사는, 환경영향에 대한 생생한 정보를 가진 주민과의 교류 확대를 통해, 정확한 오염위치와 현황을 파악하여 조사의 효율성과 투명성을 높임으로써 유류오염의 범위와 정도를 정확히 파악하고, 장기영향에 대한 지속적인 관찰을 가능케 할 수 있다. 또한 현장 다매체 모니터링과 연계하여 주기적으로 반복 조사하는 것이 바람직하며, 유류오염 정도가 감소함에 따라 조사 범위 및 빈도를 줄여가며 실시한다. 이와 같이 오염된 해안선의 해안별, 지역별 잔류 유류오염현황 및 오염정도를 지속적으로 파악하여 축적된 정보는, 해양환경 모니터링 결과와 더불어 유류오염 회복여부를 규명하는 동시에, 향후 유류오염 복원을 위한 기초 자료로 활용할 수 있다.

유류표착해안 유징분포 조사는, 원유 유출 사고 시 오염된 해안선의 유류오염 평가와 방제 방법의 의사 결정을 위하여 주로 사용되고 있는 SCAT(Shoreline Cleanup Assessment Technique) 기법을 바탕으로 하며, 유류 유출사고에 따른 유류오염의 범위와 정도, 지속기간을 파악하기 위해 사고해역 해안의 표층과 표층 아래에 남아있는 유류오염 현황을 파악한다.

유징분포 조사를 위하여 구성된 조사단은, 유류 유출사고 조사경과 및 현황에 대한 교육, 그리고 해안선 유류오염 평가기법에 대한 통일된 이론 및 현장 실습교육을 통하여, 각 조사그룹별 또는 조사지역에 따른 편차 없이 동일한 기준을 가지고 평가할 수 있도록 한다. 또한 조사해역 실정에 맞게 제작된 표준화된 오염현황 조사표를 이용하여 모든 조사요원이 동일한 지침에 따라 평가할 수 있도록 한다(예시, 표 S1-1).

오염된 해안을 지형적 특성 또는 지리적 접근성 등에 따라 지역을 나누고(예: 그림 S1-1), 각 지역의 현장상황에 따라 한 조사지역에서 약 20m 간격으로 구역을 나눠 표층 및 표층하에 잔류하는 유징분포를 확인한다.

특히 현장조사에 앞서 현지 주민 설문을 통해 조사 대상 지역의 정확한 오염현황 등을 사전 파악하고 이를 바탕으로 조사계획을 수립한다.

유징분포 현장조사는, 조사구역을 해안특성에 따라 모래, 기반암, 자갈, 인공해안, 갯벌로 분류하여 각 해안 특성에 맞은 방법에 따라 조사를 진행한다(그림 S1-2). 조사 시 각 구역에서 발견된 유징의 분포는, 우선적으로 유징의 규모(길이, 폭, 깊이)를 기술하고, 이곳의 오염정도에 따라 C(연속), B(불연속), P(부분), S(간헐)의 등급으로 나누어 기록한다(그림 S1-3).

발견된 유징의 특성은 또한 그 두께와 형태에 따라 구분한다. 두께에 따라 PO(고인 유류), CV(덮음), CT(코팅), ST(묻음), FL(유막)로 구분한다(그림 S1-4).

표 S1-1 오염 현황 조사표 서식 예

오염 현황 조사표

■ 조사지역(섬이름) :   (행정구역:)
■ 조사일시 :   년   월   일 /   시   분

책임자 성명	연락처	소속	참여자 성명
	-		

오염구역	길이(m)	폭(m)	깊이(m)	오염정도	유질 정보		해안특성		
					두께	형태			1. 모래
1							해안특성		
2									2. 자갈갯
3									3. 자갈
4									
5									4. 인공해안
6									
7									5. 갯벌
8									

[참고사항: 오염정도와 유질 정보의 두께, 형태는 그림을 참고하여 해당 표현을 기입하세요.]

●GPS 측정위치(•), 오염구역 및 오염상황 표시

		GPS 측정좌표(WGS-84)			
1	위도	•	'	"	
	경도	•	'	"	
2	위도	•	'	"	
	경도	•	'	"	
3	위도	•	'	"	
	경도	•	'	"	
4	위도	•	'	"	
	경도	•	'	"	
5	위도	•	'	"	
	경도	•	'	"	
6	위도	•	'	"	
	경도	•	'	"	
7	위도	•	'	"	
	경도	•	'	"	
8	위도	•	'	"	
	경도	•	'	"	

오염구역	설명		오염구역	설명	
		[사진 첨부]			
오염구역	설명		오염구역	설명	
오염구역	설명		오염구역	설명	

또한 유징의 형태에 따라 FR(신선유), MS(무스), TB(타르볼), PT(패티), TC(타르), SR(표층흡착유), AP(아스팔트), SAP(표층하 아스팔트), OP(공극유), PP(반공극유), OR(흡착유), OF(유막)로 구별한다(그림 S1-5).

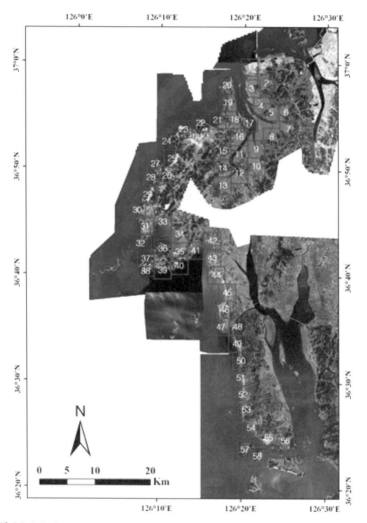

그림 S1-1 유징분포 조사 대상지역에 대한 지역 구분 예(허베이스피리트호 원유 유출사고, 충남 태안)

발견된 유징은 위성위치추적시스템(GPS)과 사진촬영을 통해 정확한 위치 및 영상정보를 함께 기록한다(예시, 표 S1-2).

모래 기반암

자갈

인공해안 갯벌

그림 S1-2 해안특성에 따른 구분(일부 사진: NOAA Shoreline Assessment Job Aid)

C: continuous (연속)
91~100% 덮음

B: broken (불연속)
51~90% 덮음

P: patchy (부분)
11~50% 덮음

S: sporadic (간헐)
1~10% 덮음

그림 S1-3 오염 정도에 따른 유징구분(사진: NOAA Shoreline Assessment Job Aid)

PO: pooled (고인 유류)
(액상 또는 끈적한 유류:
두께 1cm 이상)

CV: cover (덮음)
(액상 또는 끈적한 유류:
두께 1cm 이하)

그림 S1-4 표착기름 두께에 따른 유징 구분
(사진: NOAA Shoreline Assessment Job Aid)(계속)

CT: coat (코팅)
(가시적인 유류코팅: 두께 0.1cm 이하
- 손톱으로 긁어지는 수준)

ST: stain (묻음)
(가시적이나 손톱으로 벗겨지지 않는 수준)

FL: film (유막)(갈색, 무지개 또는 은색의 유막)

그림 S1-4 표착기름 두께에 따른 유징 구분
(사진: NOAA Shoreline Assessment Job Aid)

FR: Fresh Oil(신선유)
(풍화되지 않은 액상유류)

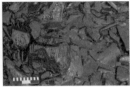

MS: Mousse(무스)
(에멀전화된 끈적한 유류)

TB: Tarballs(타르볼)
(직경 <10cm 이하)

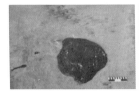

PT: Patties(패티)
(직경 >10cm 이상)

TC: Tar(타르)
(심하게 풍화된
거의 고체상의 유류)

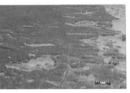

SR: Surface Oil Residue
(표층흡착유)
(끈적거리지 않는 유류가
심하게 퇴적물과 혼합된 상태,
부드러우며 아스팔트 전 단계)

AP: Asphalt Pavements
(아스팔트)
(끈적거리는 유류와 퇴적물이
심하게 혼합된 형태)

SAP: Subsurface Asphalt
Pavement(표층하 아스팔트)
(표층하에 존재하는
고상화된 유류)

OP: Oil-filled Pores(공극유)
(퇴적물 사이 공극이
유류로 차 있으며, 건드리면
유류가 흘러내리는 수준)

PP: Partially Filled Pores
(반공극유)
(퇴적물 사이 공극이 유류로
차 있으며, 일반적으로 유류가
흘러내리지 않는 수준)

OR: Oil Residue(흡착유)
(퇴적물 입자가 흑/갈색을
띠도록 코팅 또는 덮인 형태지만,
공극 내에는 유류가 함유되지
않거나 일부만 존재)

OF: Oil Film(유막)
(퇴적물 사이로 고이는 물에
유막이 존재)

그림 S1-5 표착기름 형태에 따른 유징 구분
(사진: NOAA Shoreline Assessment Job Aid)

오염 현황 조사표

■ 조사지역: ○ ○ ○ ○ (행정구역: ○○도 ○○군 ○○면 ○○리)

■ 조사일시: ○○년 ○○월 ○○일　　　　　　■ 위성지도 No.27

책임자 성명	연락처		소 속	참여자 성명							
○○○	○○○-○○○○		○○○○○○	○○○							
해안특성	1. 모래		2. 기반암	3. 자갈		4. 인공해안		5. 갯벌			

조사구역	길이(m)	폭(m)	깊이(m)	오염정도	유징 정보		해안특성	GPS 측정좌표(WGS-84)					
					두께	형태		위도			경도		
								도	분	초	도	분	초
1	0.4	0.4	0.05	S	CV,FL	PP,OF	1,3	36	50	24.9	126	10	10.6
2	0.4	0.4	0.05	S	CV,FL	PP,OF	1,3	36	50	24.2	126	10	10.2
3	0.4	0.4	0.05	S	FL	OF	1,3	36	50	23.9	126	10	09.8
4	0.4	0.4	0.05	S	FL	OF	1,3	36	50	23.5	126	10	10.2
5	1	1	0.05	S	CV,FL	PP,OF	1,3	36	50	23.2	126	10	09.9
6	0.3	0.3	–	S	CV,FL	PP,OF	1,3,4,5	36	50	13.5	126	10	09.6
7	0.03	0.02	–	S	FL	OF	3,5	36	50	07.8	126	10	11.3
8	0.01	0.01	–	S	FL	OF	5	36	49	57.4	126	10	18.0
9	0.04	0.04	0.05	S	CV,FL	PP,OF	1.3.4	36	50	14.9	126	10	06.3
10	0.05	0.05	0.05	S	CV,FL	PP,OF	1,3,4	36	50	16.8	126	10	08.1
11	0.2	0.2	–	S	CV,FL	TC,OF	3,4	36	50	31.3	126	10	04.5

표 S1-2 유징분포 조사결과 작성 예

조사구역	GPS1	설명	자갈, 모래 표층에 무지개색 유막과 일부 공극에 기름 존재	조사구역	GPS2	설명	자갈, 모래 표층에 무지개색 유막과 일부 공극에 기름 존재
조사구역	GPS3	설명	자갈, 모래 표층에 무지개색 유막 존재	조사구역	GPS4	설명	자갈, 모래 표층에 갈색, 무지개색 유막 존재
조사구역	GPS5	설명	자갈, 모래 표층하에 갈색, 무지개색 유막과 일부 공극에 기름 존재	조사구역	GPS6	설명	자갈, 모래, 갯벌 표층하에 은색 유막과 일부 공극에 기름 존재

해수 및 공극수 내 유류오염(TPH) 스크리닝

부록 2

유류 유출사고 후 신속하게 오염 상황을 파악하고, 이를 바탕으로 방제계획 설정, 정밀·추가 조사계획을 수립하는 등 유류오염과 관련된 정책 결정을 위해서는 오염정도를 현장에서 신속히 파악할 수 있는 현장 분석법의 적용이 필수적이다. 가스크로마토그래피 방법 등 기존의 유류오염 분석법이 수 시간에서 수일이 걸리는 반면에, 기름의 형광특성을 이용한 형광분석법은 액체 시료 내의 기름농도를 수 분 내에 분석할 수 있는 장점이 있다.

● 해수 또는 공극수 내의 잔류유분 농도를 신속하게 측정하기 위하여 시료 채취 직후 현장에서 형광분석법을 이용하여 분석한다.

● 채취된 시료 20~100mL를 분액깔때기 또는 유기용매와 해수의 분리가 가능한 용기에 넣고 노말헥산 10mL를 첨가한 후 약 5분간 흔들어 해수 중에 존재하는 유분을 유기용매상으로 추출한다.

● 용매가 분리될 때까지 정체시킨 후 헥산 추출액을 quartz cuvette에 옮

겨 현장 이동이 가능한 휴대용 형광분석기를 이용하여 유분농도를 분석한다. 분석을 위한 excitation, emission 파장은 유출된 기름의 형광특성에 맞춰 설정하거나, 상용화된 유류오염 측정용 필터키트를 사용할 수 있다(예: excitation 파장 300~400nm, emission 파장 410~600nm).

- 측정된 형광강도는 표준용액의 형광강도와 농도의 검량선식을 이용해서 농도로 환산하며, 추출 시 농축배율을 감안하여 최종 농도를 결정한다.
- 표준용액은 유출된 원유를 노말헥산에 용해시켜 만들며, 다섯 단계의 유분농도 표준용액을 이용하여 검량선식을 구한다.
- 분석을 위한 모든 유기용매는 순도 99.9% 이상의 고순도 용매를 사용하며, 시료채취와 분석에 사용된 시료병 및 초자기구는 450°C에서 4시간 이상 연소시킨 후 디클로르메탄과 노말헥산으로 세척 후 사용한다.

위와 같은 형광분석법은, 신속하게 시료를 분석할 수 있을 뿐만 아니라, 분석비용 또한 낮기 때문에 빠른 시간 안에 많은 시료를 분석할 수 있다. 따라서 광범위한 지역의 유류오염 현황을 비교적 정밀하게 파악할 수 있다는 장점이 있다(그림 S2-1).

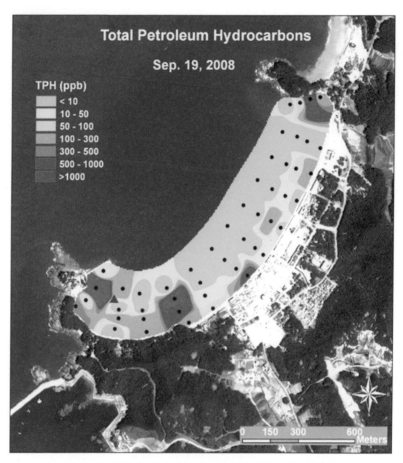

그림 S2-1 형광분석법을 이용한 유류오염 현장 신속 · 정밀 분석 예시

부록 3 해수 내 유류오염(PAHs) 분석

- 해수 시료 내 PAHs 분석을 위하여 약 1L의 해수를 2L 분액깔때기에 넣은 후 50mL 디클로르메탄을 이용하여 액액추출(liquid-liquid extraction) 한다.

- 추출된 시료는 450°C에서 활성화시킨 무수황산 나트륨이 들어있는 깔때기를 통과시킨 후 250mL 둥근 플라스크에 받아낸다. 이 과정을 3회 반복하여 약 150mL의 분액을 받는다.

- 추출 전 각 분석 화합물에 대한 내부표준물질(surrogate standard, 표 S3-1)을 첨가하여 회수율을 구하는 데 사용한다.

- 추출액은 회전용매농축기로 대략 2mL 수준으로 농축한 후 헥산 15mL을 사용하여 용매 치환한다.

- 최종 1mL로 농축한 뒤 실리카겔 컬럼을 이용하여 농축액을 정제한다. 내경 1cm, 길이 30cm의 유리 컬럼에 무수황산 나트륨 1g, 활성화된 실리카겔 3g, 무수황산나트륨 1g 순으로 컬럼에 충진한 후 추출액을 컬럼 상부에 넣어주고 30mL의 디클로르메탄:헥산(1:1, v/v)을 사용하여

표 S3-1 다환방향족탄화수소(PAHs) 분석에 사용되는 내부표준물질

PAHs Surrogate standard	PAHs GC Internal standard
naphthalene-d_8 acenaphthene-d_{10} phenanthrene-d_{12} chrysene-d_{10} perylene-d_{12}	terphenyl-d_{14}

용출한다.

- 방향족탄화수소계열을 포함하고 있는 이 분액을 회전용매농축기를 사용하여 2mL 정도로 농축한 후 헥산 20mL을 사용하여 용매 치환한다.

- 용매 치환된 시료는 질소가스하에서 0.5mL로 농축시킨 후 다환방향족 탄화수소 화합물 분석에 필요한 기체크로마토그래프 내부표준용액(GC internal standard, 표 S3-1)을 첨가한다.

- 최종 준비된 시료를 GC-vial에 옮겨 담은 후 기기분석(GC-MS)에 사용한다(그림 S3-1).

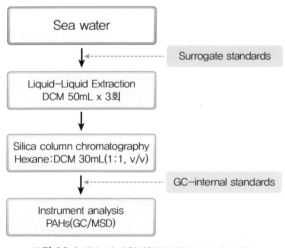

그림 S3-1 해수 내 다환방향족탄화수소 분석 모식도

표 S3-2 해수 내 PAHs 분석을 위한 가스크로마토그래프와 검출기의 분석조건

GC condition	MS condition
Column: DB-5MS (30m × 0.25mm × 0.25μm Film) Temperature program: Initial @ 60°C(2min) Ramp(6°C/min to 300°C) Final @ 300°C(13min) Carrier gas: He 1.0mL/min Injection port Temp: 300°C Injection mode: splitless Injection volume: 2μL	Interface Temp: 280°C Ionization Voltage: 70eV Monitoring method: Selected Ion Monitoring

- 분석에 사용된 가스크로마토그래프와 검출기의 조건은 표 S3-2에 나타내었다.
- 분석대상 PAHs는 미국 환경보호청(EPA)에서 우선관리대상물질로 정하고 있는 16종 PAHs(표 S3-3)와 원유에 다량 함유되어 있는 알킬치환된 PAHs를 포함한다(표 S3-4).

표 S3-3 PAHs 분석을 위한 질량분석기의 정량 · 정성이온

Approximate time window	Compounds	Abbreviation	Target m/z	Confirmation m/z
8 to 27min	Naphthalene-d_8	S1	136	
	Naphthalene	CON	128	127
	2-Methylnaphthalene	2mN	142	141
	1-Methylnaphthalene	1mN	142	141
	2,6,-Dimethylnaphthalene	2,6mN	156	154
	Acenaphthene-d_{10}	S2	164	162
	Acenaphthylene	Acnl	152	151
	Acenaphthene	Acnt	154	153, 152
	Fluorene	COF	166	164
	1-Methylfluorene	1mF	180	

표 S3-3 (계속) PAHs 분석을 위한 질량분석기의 정량 · 정성이온

Approximate time window	Compounds	Abbreviation	Target m/z	Confirmation m/z
	Phenanthrene-d_{10}	S3	188	
	Dibenzothiophene	C0D	184	
	4-Methyldibenzothiophene	4mD	198	
	1,2,-Dibenzothiophene	1,2mD	212	
	Phenanthrene	C0P	178	176
	Anthracene	Anth	178	176
	3-Methylphenanthrene	3mP	192	191
	2-Methylphenanthrene	2mP	192	191
	4/9-Methylphenanthrene	4/9mP	192	191
23 to 32min	1-Methylphenanthrene	1mP	192	191
	1,5-/1,7-Dimethylphenanthrene	1,5mP	206	
	1,2,5-/1,2,7-Trimethylphenanthrene	1,2,5mP	220	
	1,2,6,9-Tetramethylphenanthrene	1,2,6,9mP	234	
	Retene	Ret	30.56	
	Fluoranthene	Flrt	202	101
	Pyrene	Pyr	202	101
	p-Terphenyl-d_{14}	*	244	
	Chrysene-d_{12}	S4	240	
	Benz[a]anthracene	BaA	228	226
	Chrysene	C0C	228	226
	6-Methylchrysene	6mC		
	Benzo[b]fluoranthene	BbF	252	250
	Benzo[k]fluoranthene	BkF	252	250
33 to 50min	Benzo[e]pyrene	BeP	252	250
	Benzo[a]pyrene	BaP	252	250
	Perylene-d_{12}	S5	264	
	Perylene	Per	252	250
	Indeno[1,2,3-cd]pyrene	IcdP	276	138
	Dibenz[a,h]anthracene	DahA	278	139
	Benzo[g,h,i]perylene	BghiP	276	138

표 S3-4 알킬치환된 PAHs 분석을 위한 정량 이온

Approximate time window	Compounds	Abbreviation	Target m/z
8 to 27min	C1-Naphtalene	C1N	142
	C2-Naphtalene	C2N	156
	C3-Naphtalene	C3N	170
	C4-Naphtalene	C4N	184
	C1-Fluorene	C1F	180
	C2-Fluorene	C2F	194
	C3-Fluorene	C3F	208
23 to 32min	3-Methylphenanthrene	3mP	192
	2-Methylphenanthrene	2mP	192
	4/9-Methylphenanthrene	4/9mP	192
	1-Methylphenanthrene	1mP	192
	C1-Phenanthrene	C1P	192
	C2-Phenanthrene	C2P	206
	C3-Phenanthrene	C3P	220
	C4-Phenanthrene	C4P	234
	Dibenzothiophene	C0D	184
	4-Methyldibenzothiophene	4mD	198
	2/3-Methyldibenzothiophene	2/3mD	198
	1-Methyldibenzothiophene	1mD	198
	C1-Dibenzothiophene	C1D	198
	C2-Dibenzothiophene	C2D	212
	C3-Dibenzothiophene	C3D	226
33 to 50min	C1-Chrysene	C1C	242
	C2-Chrysene	C2C	256
	C3-Chrysene	C3C	270

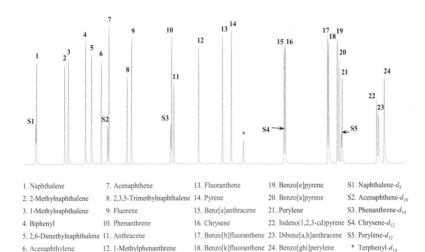

1. Naphthalene	7. Acenaphthene	13. Fluoranthene	19. Benzo[e]pyrene	S1. Naphthalene-d_8
2. 2-Methylnaphthalene	8. 2,3,5-Trimethylnaphthalene	14. Pyrene	20. Benzo[a]pyrene	S2. Acenaphthene-d_{10}
3. 1-Methylnaphthalene	9. Fluorene	15. Benz[a]anthracene	21. Perylene	S3. Phenanthrene-d_{10}
4. Biphenyl	10. Phenanthrene	16. Chrysene	22. Indeno(1,2,3-cd)pyrene	S4. Chrysene-d_{12}
5. 2,6-Dimethylnaphthalene	11. Anthracene	17. Benzo[b]fluoranthene	23. Dibenz[a,h]anthracene	S5. Perylene-d_{12}
6. Acenaphthylene	12. 1-Methylphenanthrene	18. Benzo[k]fluoranthene	24. Benzo[ghi]perylene	* Terphenyl-d_{14}

그림 S3-2 다환방향족탄화수소 표준물질의 크로마토그램

퇴적물 내 유류계 탄화수소 (TPH, PAHs) 분석

부록 4

4.1 퇴적물 내 유류계 탄화수소 분석과정

퇴적물 내 존재하는 유류계탄화수소를 측정하기 위한 분석과정은 크게 추출, 분취, 기기분석의 3단계로 이루어진다. 분석방법에 대한 모식도는 그림 S4-1에 나타내었다.

- 현장에서 영하 20°C 이하의 냉동상태로 보관된 퇴적물 시료는 실험실에서 해동시킨 후 균질화하여 분석에 사용한다.
- 퇴적물 시료 약 3g을 무게접시에 담아 건중량 측정에 이용하고, 약 20g은 막자사발에 담아 450°C에서 4시간 동안 활성화시킨 무수황산나트륨 50g과 함께 혼합하여 수분을 제거한 뒤 200mL의 디클로르메탄으로 16시간 동안 속실렛(Soxhlet) 추출한다.
- 추출 전 각 대상화합물에 대한 내부표준물질(surrogate standards; 표 S4-1)을 첨가하여 회수율을 구하는 데 사용한다.

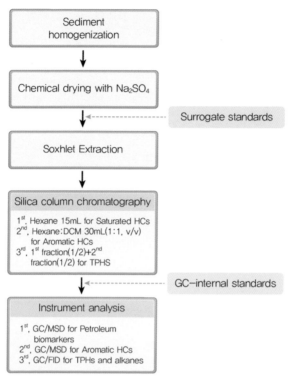

그림 S4-1 퇴적물 내 유류계탄화수소 분석방법 모식도

표 S4-1 다환방향족탄화수소, 알칸 그리고 바이오마커 분석에 사용되는 내부표준물질

PAHs Surrogate standard	PAHs GC Internal standard
naphthalene-d_8	terphenyl-d_{14}
acenaphthene-d_{10}	
phenanthrene-d_{12}	
chrysene-d_{10}	
perylene-d_{12}	
Alkane Surrogate standard	Alkane GC Internal standard
o-terphenyl	5-αandrostane
Biomarker Surrogate standard	
$\beta\beta$-hopane	

- 추출액은 회전용매농축기로 1~2mL로 농축한 후 노말헥산 20mL을 사용하여 용매 치환한다.
- 추출액에 포함된 무기 황은 활성화된 구리를 사용하여 제거한다.
- 분취를 위한 실리카컬럼 크로마토그래프는 내경 1cm, 길이 30cm의 유리 컬럼에 무수황산나트륨 1g, 100~200mesh의 활성화된 실리카겔 3g, 무수 황산나트륨 1g 순으로 충진한 후 추출액을 컬럼 상부에 주입한다.
- 15mL의 노말헥산을 이용하여 포화탄화수소 계열을 포함하는 첫 번째 분액을 받아 내며, 이어서 30mL의 디클로르메탄:헥산(1:1, v/v)을 사용하여 방향족탄화수소계열 화합물을 포함하는 두 번째 분액을 받아낸다.
- 총석유계탄화수소(total petroleum hydrocarbons; TPHs) 분석을 위해서는 각 분액의 1/2을 혼합한다.
- 각 분액은 회전용매농축기를 사용하여 2mL 이하로 농축 후 노말헥산 20mL를 첨가하여 용매 치환한다.
- 용매 치환된 시료는 고순도 질소가스(99.999%)를 이용하여 0.5mL로 농축시킨 후 각 대상화합물에 대한 기체크로마토그래프 내부표준물질 (GC internal standard; 표 S4-1)을 첨가한 후 GC vial에 옮겨 기기분석에 사용한다.
- 퇴적물 내 총석유계탄화수소와 알칸류(alkanes) 분석에는 GC/FID(gas chromatograph / flame ionization detector)를 사용하며, 유류계 바이오 마커(hopane과 sterane 계열)와 PAHs의 정량·정성분석에는 GC/MSD (gas chromatograph / mass selective detector)를 사용한다.

4.2 총석유계탄화수소 및 알칸의 분석

- 개별 n-알칸, 프리스탄과 파이탄 같은 이소프레노이드 그리고 총석유계 탄화수소는 GC-FID로 분석한다. 분석조건은 표 S4-2에 나타냈다.

표 S4-2 대상화합물 분석에 사용되는 가스크로마토그래프와 검출기의 조건

GC-MS	GC-FID
GC condition(HP GC 5890)	GC condition(Agilent GC 7890A)
Column : DB-5MS(30m × 0.25mm × 0.25μm Film)	Column : DB-5(30m × 0.32mm × 0.25μm Film)
Temperature program : Initial @ 60°C(2min) Ramp(6°C/min to 300°C) Final @ 300°C(13min)	Temperature program : Initial @ 50°C(2min) Ramp(10°C/min to 300°C) Final @ 300°C(15min)
Carrier gas : He 1.0mL/min	Carrier gas : He 1.5mL/min
Injection port Temp : 300°C	Injection port Temp : 290°C
Injection mode : splitless	Injection mode : splitless
Injection volume : 2μL	Injection volume : 2μL
MS condition(HP MS 5972)	FID condition
Interface Temp : 280°C	Detector temp : 300°C
Scanning Range : 30~300amu, 2cycle/sec	make up gas : H₂ 35ml/min, Air 350mL/min
Ionization Voltage : 70eV	
Monitoring method : Selected Ion Monitoring	

- 농도 계산식은 다음과 같다.

$$Concentration\,(\mu g/g) = 2 \times \frac{A_S \cdot W_{IS} \cdot D}{A_{IS} \cdot RRF \cdot W_S}$$

- As는 시료 내의 분석대상물질의 반응도, 즉 피크면적 또는 높이다. A_{IS}는 시료에 첨가된 내부표준물질의 반응도이다. W_{IS}는 시료에 첨가된 내부 표준물질의 양(μg)이고, D는 희석배수이다. 분석 전에 희석을 하였으면 희석배수를 넣고, 희석을 하지 않은 경우, D는 1이다. W_S는 추출에 사용된 시료의 무게(g)로서 건중량을 이용하여 계산한다. 농도계산식에서 2를 곱한 이유는 전처리 단계에서 TPHs분석을 위한 F3 분취액을 만들기 위해 F1과 F2에서 각각 절반을 취했기 때문이다.
- 기기분석 전에 내부 표준물질이 첨가된 표준용액(두 종의 이소프레노이드가 포함된 nC8에서 nC40알칸, 그림 S4-2)을 이용하여 계산에 사용한다.
- 5단계의 표준용액 0.1, 1, 5, 10, 50ppm을 이용하여 검량선식을 구한다. 각 탄화수소의 상대적 반응도(Relative Response Factor; RRF)는 내부

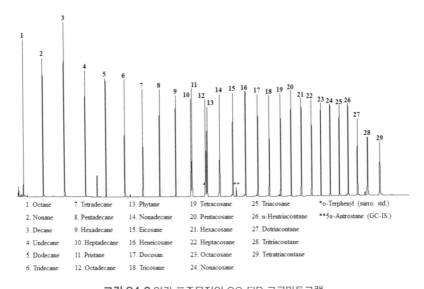

1. Octane	7. Tetradecane	13. Phytane	19. Tetracosane	25. Triacosane	*o-Terphenyl (surro. std.)
2. Nonane	8. Pentadecane	14. Nonadecane	20. Pentacosane	26. n-Hentriacontane	**5α-Antrostane (GC-IS.)
3. Decane	9. Hexadecane	15. Eicosane	21. Hexacosane	27. Dotriacontane	
4. Undecane	10. Heptadecane	16. Heneicosane	22. Heptacosane	28. Tritriacontane	
5. Dodecane	11. Pristane	17. Docosan	23. Octacosane	29. Tetratriacontane	
6. Tridecane	12. Octadecane	18. Tricosane	24. Nonacosane		

그림 S4-2 알칸 표준물질의 GC-FID 크로마토그램

표준물질에 관련하여 계산한다. GC로 검출 가능한 총석유계탄화수소는 resolved와 unresolved aliphatic, aromatic 탄화수소의 합으로 정의하며, 크로마토그램의 총 면적을 사용하여 내부표준물질방법으로 정량한다. 개별 알칸화합물은 개별 n-알칸의 RRF를 사용하여 정량하며, TPHs와 UCM(Unresolved Complex Mixture)은 전체 n알칸의 평균 RRF를 사용하여 정량한다.

4.3 PAHs 및 유류계 바이오마커 화합물의 기기분석

- 퇴적물과 이매패류 내 PAHs분석은 GC-MS를 이용하여 SIM(Selected Ion Monitoring) mode로 분석한다. 분석에 사용된 가스크로마토그래프와 검출기의 조건은 표 S4-2에 나타내었다.
- 퇴적물 내 유류계 바이오마커는 PAHs 분석방법과 동일하게 GC-MS로 동일한 조건에서 분석한다.
- 정성·정량을 위해 PAHs 표준물질(예: 미국국립표준기술원의 NIST 2260)을 사용한다. 다섯 단계의 PAH 표준용액(0.015, 0.03, 0.3, 0.75, 1.5ppm)을 이용하여 검량선식을 구한다.
- 유류계 biomarker는 다섯 단계의 표준용액(예: NIST 2266)을 제조하여 검량선식을 구한다. 검량곡선은 선형회귀직선방정식을 사용한다.

$$Y = AX = B$$
$$Y = C_A / C_{IS} = A (A_A / A_{IS}) = B$$

- A는 추세선의 기울기, B는 추세선의 절편 값, C_A는 분석 대상화합물의

농도(ng/mL), C_{IS}는 내부표준물질의 농도(ng/mL), A_A는 분석 대상화합물의 면적이고 A_{IS}는 내부표준물질의 면적 값이다. 모든 분석 대상화합물 추세선의 상관계수는 R^2값이 0.999 이상을 나타내도록 한다.

- 다환방향족탄화수소는 분자량 128의 나프탈렌에서 278의 디벤조[a,h] 안트라센까지 총 24종을 분석하며, 총 16PAHs는 EPA(1987)에서 우선 관리 대상물질로 정하고 있는 16종을 기준으로 계산한다. 대상 화합물 은 naphthalene, acenaphthylene, acenaphthene, fluorene, phenanthrene, anthracene, fluoranthene, pyrene, benz[a]anthracene, chrysene, benzo[b]fluoranthene, benzo[k]fluoranthene, benzo[a]pyrene, indeno[1,2,3-cd] pyrene, dibenz[a,h]anthracene, benzo[ghi]perylene이다.

- 16종 이외의 알킬 PAHs는, 유류의 주요 구성성분인 알킬화된 PAHs 동족 체인 알킬 나프탈렌(C1N-C4N), 플루오렌(C1F-C3F), 페난스렌(C1P-C4P), 황을 포함한 다이벤조티오펜(C1D-C3D), 크라이센(C1C-C3C)의 질량비 와 모화합물의 반응계수를 이용하여 농도를 계산한다(표 S4-3, 표 S4-4).

표 S4-3 PAHs 분석에 사용되는 정량 및 정성 이온(계속)

Approximate time window	Compounds	Abbreviation	Target m/z	Confirmation m/z
	Naphthalene-d_8	S1	136	
	Naphthalene	CON	128	127
	2-Methylnaphthalene	2mN	142	141
	1-Methylnaphthalene	1mN	142	141
8 to 27min	2,6,-Dimethylnaphthalene	2,6mN	156	154
	Acenaphthene-d_{10}	S2	164	162
	Acenaphthylene	Acnl	152	151
	Acenaphthene	Acnt	154	153, 152
	Fluorene	COF	166	164
	1-Methylfluorene	1mF	180	

표 S4-3 PAHs 분석에 사용되는 정량 및 정성 이온

Approximate time window	Compounds	Abbreviation	Target m/z	Confirmation m/z
23 to 32min	Phenanthrene-d_{10}	S3	188	
	Dibenzothiophene	C0D	184	
	4-Methyldibenzothiophene	4mD	198	
	1,2,-Dibenzothiophene	1,2mD	212	
	Phenanthrene	C0P	178	176
	Anthracene	Anth	178	176
	3-Methylphenanthrene	3mP	192	191
	2-Methylphenanthrene	2mP	192	191
	4/9-Methylphenanthrene	4/9mP	192	191
	1-Methylphenanthrene	1mP	192	191
	1,5-/1,7-Dimethylphenanthrene	1,5mP	206	
	1,2,5-/1,2,7-Trimethylphenanthrene	1,2,5mP	220	
	1,2,6,9-Tetramethylphenanthrene	1,2,6,9mP	234	
	Retene	Ret	30.56	
	Fluoranthene	Flrt	202	101
	Pyrene	Pyr	202	101
	p-Terphenyl-d_{14}	*	244	
33 to 50min	Chrysene-d_{12}	S4	240	
	Benz[a]anthracene	BaA	228	226
	Chrysene	C0C	228	226
	6-Methylchrysene	6mC		
	Benzo[b]fluoranthene	BbF	252	250
	Benzo[k]fluoranthene	BkF	252	250
	Benzo[e]pyrene	BeP	252	250
	Benzo[a]pyrene	BaP	252	250
	Perylene-d_{12}	S5	264	
	Perylene	Per	252	250
	Indeno[1,2,3-cd]pyrene	IcdP	276	138
	Dibenz[a,h]anthracene	DahA	278	139
	Benzo[g,h,i]perylene	BghiP	276	138

표 S4-4 알킬치환된 PAHs 분석에 사용되는 정량 이온

Approximate time window	Compounds	Abbreviation	Target m/z
8 to 27min	C1-Naphtalene	C1N	142
	C2-Naphtalene	C2N	156
	C3-Naphtalene	C3N	170
	C4-Naphtalene	C4N	184
	C1-Fluorene	C1F	180
	C2-Fluorene	C2F	194
	C3-Fluorene	C3F	208
23 to 32min	3-Methylphenanthrene	3mP	192
	2-Methylphenanthrene	2mP	192
	4/9-Methylphenanthrene	4/9mP	192
	1-Methylphenanthrene	1mP	192
	C1-Phenanthrene	C1P	192
	C2-Phenanthrene	C2P	206
	C3-Phenanthrene	C3P	220
	C4-Phenanthrene	C4P	234
	Dibenzothiophene	C0D	184
	4-Methyldibenzothiophene	4mD	198
	2/3-Methyldibenzothiophene	2/3mD	198
	1-Methyldibenzothiophene	1mD	198
	C1-Dibenzothiophene	C1D	198
	C2-Dibenzothiophene	C2D	212
	C3-Dibenzothiophene	C3D	226
33 to 50min	C1-Chrysene	C1C	242
	C2-Chrysene	C2C	256
	C3-Chrysene	C3C	270

알킬치환된 나프탈렌, 플루오렌, 페난스렌, 다이벤조티오펜, 크라이센의 합을 총 알킬 PAHs 농도로 제시한다.

• 원유 및 유류 제품에는 EPA 16종 PAHs 외에 다량의 알킬 PAHs가 포함

되어 있다. 알킬 PAHs는 정량적인 측면 이외에도 풍화에 강한 특성이 있어 유용한 유지문 정보를 제공하므로 유류오염사고 시 필수적으로 분석해야 한다. 또한 유류 biomarker(m/z 191, 217, 218)인 triterpanes (hopanes)과 steranes를 분석한다(표 S4-5). 유류 biomarker는 원유 내 탄화수소 중 가장 풍화에 강한 성분으로 오염된 시료의 유지문 분석에 필수적인 요소이다.

표 S4-5 유류계 바이오마커 화합물인 호판과 스테란 화합물의 정량 이온

Peak No.	Compounds	Abbreviation	Target m/z
	Pentacyclic triterpenes(Hopanes)		
*	C30 17β,21β Hopane	IS	191
1	C27 18α,21β Hopane	Ts	191
2	C27 17α,21β Hopane	Tm	191
3	C29 17α,21β Hopane	C29α	191
4	C30 17α,21β Hopane	C30α	191
5	C31 17α,21β Hopane 22S	C31S	191
6	C31 17α,21β Hopane 22R	C31R	191
7	Gammacerane	G	191
8	C32 17α,21β Hopane 22S	C32S	191
9	C32 17α,21β Hopane 22R	C32R	191
10	C33 17α,21β Hopane 22S	C33S	191
11	C33 17α,21β Hopane 22R	C33R	191
12	C34 17α,21β Hopane 22S	C34S	191
13	C34 17α,21β Hopane 22R	C34R	191
14	C35 17α,21β Hopane 22S	C35S	191
15	C35 17α,21β Hopane 22R	C35R	191
	Steranes		
16	C28 5α,14α,17α Sterane 20R	28$\alpha\alpha$R	217, 218
17	C29 5α,14α,17α Sterane 20S	29$\alpha\alpha$S	217, 218
18	C29 5α,14β,17β Sterane 20R	29$\beta\beta$R	218, 217
19	C29 5α,14β,17β Sterane 20S	29$\beta\beta$S	218, 217

표 S4-5 (계속) 유류계 바이오마커 화합물인 호판과 스테란 화합물의 정량 이온

Peak No.	Compounds	Abbreviation	Target m/z
20	C29 5α,14α,17α Sterane 20R	29ααR	217, 218
21	C27 5α,14β,17β Sterane 20R	27ββR	218, 217
22	C27 5α,14β,17β Sterane 20S	27ββS	218, 217
23	C28 5α,14β,17β Sterane 20R	28ββR	218, 217
24	C28 5α,14β,17β Sterane 20S	28ββS	218, 217

부록 5   생물체 내 유류오염(PAHs) 분석

- 냉동상태로 보관된 생체 시료는 실험실에서 해동 후 균질화하여 분석한다. 시료 약 3g은 무게접시에 담아 건중량을 측정하고, 습중량 20g을 분석에 이용한다.

- 무게 측정된 시료는 막자사발에 담아 450°C에서 활성화시킨 무수황산나트륨 약 50g을 혼합하여 수분을 제거한 뒤 200mL의 디클로르메탄으로 16시간 동안 속실렛 추출한다. 추출 전 내부표준물질(surrogate standards; naphthalene-d_8, acenaphthene-d_{10}, phenanthrene-d_{10}, chrysene-d_{12}, perylene-d_{12}; 표 S5-1)을 첨가하여 회수율을 구하는 데 사용한다.

표 S5-1 다환방향족탄화수소 분석에 사용되는 내부표준물질

PAHs Surrogate standard	PAHs GC Internal standard
naphthalene-d_8	terphenyl-d_{14}
acenaphthene-d_{10}	
phenanthrene-d_{12}	
chrysene-d_{10}	
perylene-d_{12}	

- 추출액에서 10mL를 분취하여 지방함량을 측정하는 데 사용하고 나머지 추출액은 자동회전용매농축기로 1mL 수준으로 농축한 후 실리카/알루미나 컬럼을 이용하여 정제한다.
- 실리카/알루미나 정제는, 10g 알루미나(1% 수분함량)와 20g 실리카겔 (5% 수분함량)을 차례로 충진하며, 100mL 디클로르메탄으로 시료 추출액을 용출시킨다.
- 용출액은 회전 농축기로 농축한 후 size-exclusion column(예: Phenogel 100Å, 250 × 22.5mm i.d.)이 장착된 액체크로마토그래프(HPLC)를

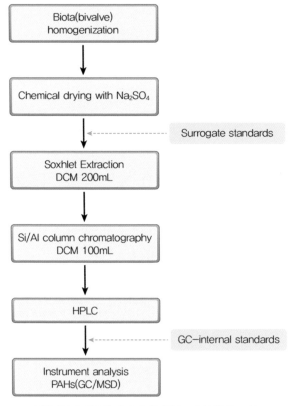

그림 S5-1 생물체 내 유류계탄화수소 분석방법 모식도

이용하여 분취 및 정제한다.

- 액체크로마토그래피 정제과정을 거친 분액은 회전용매농축기를 사용하여 1mL 수준으로 농축 후 노말헥산 20mL로 치환한다. 용매 치환된 시료는 고순도 질소가스를 이용하여 0.5mL로 농축시킨 후 기체크로마토그래프 내부표준물질(GC internal standard; terphenyl-d14; 표 S5-1)을 첨가하고 GC-vial에 옮겨 GC-MS를 이용하여 퇴적물 시료와 같은 방법으로 분석한다(그림 S5-1).

찾아보기